もんだいを クリアしたら
「ドリルガルド世界地図(せかいちず)」に はろう!

どのシールを はるかは
もんだいページに 書いて

JN022615

算数(さんすう)

大きく　くらい　やみが　とつぜん
ドリルガルドの世界を　おおいはじめた！
すべてを　やみに　そめる　チカラをもつ
だいまおうゾーマが　あらわれたのだ。

キミは　世界に　光を
とりもどすために、
たびに　出ることになった！

算数に　ひめられた
チカラを　つかい
だいまおうゾーマに　いどむ
ぼうけんが　いま　はじまる！

この本の使いかた（保護者の方へ）

💧各問題の答えは、巻末にまとめて掲載しています。
💧「家族でちょうせん！　ウルトラゆうしゃもんだい」は、小学校一年生には、少し難しい、一歩先を
行くハイレベルな問題です。ぜひご家族いっしょに挑戦してください。

ゆうしゃ（キミ）

ドリルガルドという 世界の
タシザーンの町 近くに
すむ 少年少女。
新たなる ゆうしゃとして、
算数の チカラを つかい
ぼうけん することになった。

はてなスライム

モンスターだが 人間が 大すきな
かわりものの スライム。
ゆうしゃが 生まれたときから
いっしょに すごしてきた。
とっても もの知りな たよれる なかまだ。

さあ！ ぼうけんの たびに しゅっぱつだ！

🔸問題が解けたら、冒険が進んだしるしに付属の「ぼうけんシール」から該当のシールをはがし、巻頭の
「ドリルガルド世界地図」に貼りましょう。どのシールを貼るかは、各問題ページに記載しています。

❶各問題ページの最後に、クリアし
たらどのシールを貼ればいいかが記
載されています。

❷「ぼうけんシール」の中から、その
シールをさがしてはがします。

❸巻頭の「ドリルガルド世界地図」
の、その問題の番号のマスにシール
を貼りましょう。

世界を すくう ぼうけんへ！

タシザーン王

だいまおうゾーマから 世界を すくう
ぼうけんは たいへんな たびに なるだろう。
ゆうしゃよ、しっかり じゅんびして いくのだぞ。

数かぞえ問題

クリアした日

月　　　日

王さまや 大じんから ぼうけんの
ための お金を もらいました。
つぎの といに 答えましょう。

1ゴールド　　　5ゴールド　　　10ゴールド

1

下の 絵は、王さまから もらった お金です。
1ゴールド、5ゴールド、10ゴールドの コインは それぞれ 何まい
ありますか。また、ぜんぶで 何まい もらいましたか。

それぞれの コインの まい数を
数えよう！

答え

1ゴールドは □ まい

5ゴールドは □ まい

10ゴールドは □ まいで、ぜんぶで □ まいです。

2 下の 絵は、大じんから もらった お金です。
1ゴールド、5ゴールド、10ゴールドは それぞれ 何まい ありますか。
また ぜんぶで 何まい もらいましたか。

答え

1ゴールドは ☐ まい、5ゴールドは ☐ まい、

10ゴールドは ☐ まいで、ぜんぶで ☐ まいです。

家族で ちょうせん！ ## ウルトラゆうしゃもんだい

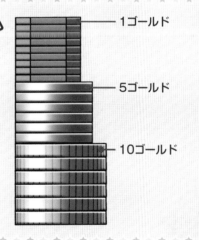

王さまと 大じんから もらった お金を
つみ上げると 右のように なりました。
もらった お金は ぜんぶで 何ゴールドですか。

— 1ゴールド

— 5ゴールド

— 10ゴールド

答え ゴールド

 **クリア！**

王さまと 大じんから
たびの じゅんびの お金と
ドリルガルド世界地図を もらった！

地図の **1** に
このシールを
はろう！

 まずは タスタスのとうを
目ざすと よいぞ。

町で じゅんびをしたら
とうに むかいましょう！

町で ぼうけんの じゅんびを しよう！

店主
さあ　いらっしゃい　いらっしゃい！
やくそうに　ぶき　たて　何でも　そろってるよ！
うちで　売りものを　見ていって　おくれ。

タシザーンの町

タシザーンの町の　どうぐやでは　つぎのような　しょうひんが
売られています。
つぎの　といに　答えましょう。

やくそう	やくそう	やくそう	どくけしそう	どくけしそう
8ゴールド	8ゴールド	8ゴールド	10ゴールド	10ゴールド

ひのきのぼう	こんぼう	どうのつるぎ	かわのたて
7ゴールド	12ゴールド	80ゴールド	30ゴールド

---

① やくそうを　2つ　買うには、ぜんぶで　何ゴールド　ひつようでしょう。

やくそうは　1つ
8ゴールドだね。

答え ＿＿＿＿＿＿ ゴールド

② どくけしそうを　ぜんぶ　買うには、ぜんぶで　何ゴールド
ひつようでしょう。

答え ＿＿＿＿＿＿ ゴールド

3 やくそうを　1つ、ひのきのぼうを　1つ　買うには、ぜんぶで　何ゴールド
ひつようでしょう。

答え ＿＿＿＿＿＿ ゴールド

 4 こんぼうを　1つ、ひのきのぼうを　1つ　買うには、ぜんぶで　何ゴールド
ひつようでしょう。

答え ＿＿＿＿＿＿ ゴールド

 5 かわのたてを　1つ、やくそうを　1つ　買うには、ぜんぶで　何ゴールド
ひつようでしょう。

答え ＿＿＿＿＿＿ ゴールド

家族でちょうせん！ ウルトラゆうしゃもんだい

どうのつるぎを　1つ、どくけしそうを　1つ、やくそうを　1つ　買うには、
ぜんぶで　何ゴールド　ひつようでしょう。

答え ＿＿＿＿＿＿ ゴールド

 **クリア！**

どうぐやで　やくそうと
どうのつるぎ　かわのたてを
まとめて　買った！

地図の**②**に
このシールを
はろう！

 これで　じゅんびは
バッチリだね！

町の　外へ　出て
タスタスのとうに　むかおう！

タスタス草原は 風が 気もちいいね！
モンスターたちも たのしそうに あそんでいるね。
ちょっと 何体いるか 数えてみようよ！

はてなスライム

モンスターたちが あらわれました。同じ 形の モンスターの 数を
数えながら 草原を すすみます。つぎの といに 答えましょう。

 草原にいる つぎの モンスターの 数を 数えてみましょう。

❶ と 同じ 形の モンスターは 何体いるでしょうか。

答え　　　　　　　　　　　　　　体

❷ と 同じ 形の モンスターは 何体いるでしょうか。

答え　　　　　　　　　　　　　　体

❸ と 同じ 形の モンスターは 何体いるでしょうか。

答え　　　　　　　　　　　　　　体

❹ モンスターは ぜんぶで 何体いるでしょうか。

答え　　　　　　　　　　　　　　体

2 すこし 歩いた 先の 草原にも モンスターが たくさんいました。
つぎの モンスターの 数を 数えてみましょう。

❶  と 同じ 形の モンスターは 何体いるでしょうか。

答え _____ 体

❷ と 同じ 形の モンスターは 何体いるでしょうか。

答え _____ 体

❸ と 同じ 形の モンスターは 何体いるでしょうか。

答え _____ 体

❹ モンスターは ぜんぶで 何体いるでしょうか。

答え _____ 体

草原で たくさんの モンスターを
数えながら たのしく 歩いた！

 地図の ❸ に
このシールを
はろう！

 みんな おとなしい
モンスターたち だったね。

もう少しで とうに
つきそうだわ！

4

草原で モンスターと バトル！

はてなスライム

タスタスのとうが 見えてきたね！
あれ、とうの 近くに モンスターが
いるよ。あっ！ こっちに むかってきた！

文章問題
クリアした日
月　日

タスタス草原

とうの 近くにいた モンスターたちが おそいかかってきました！
ゆうしゃの こうげきで モンスターの HP（体力）に あたえる
ダメージは 下のようになります。つぎの といに 答えましょう。

ゆうしゃの こうげき
どうのつるぎ ○○○○のダメージ
メラ ○○のダメージ

メラは 火の玉を はなつ じゅもんで
1回 こうげきを すると、
○は 2こ へるんだね。

---

1 おおがらすが あらわれました！ するどい目で こちらを 見ています。

おおがらす HP ○○○○○○
　　　　　　 ○○○○○○

○を ぜんぶなくせば
たおせるよ！

❶ おおがらすを たおすためには、どうのつるぎで 何回 こうげきを
すれば よいですか。

答え　　　　　　　　　　　　　　回

❷ おおがらすを たおすためには、メラで 何回 こうげきを すれば
よいですか。

答え　　　　　　　　　　　　　　回

②  さそりばちが あらわれました！ ぶんぶんと とんでいます。

さそりばち	HP^{ヒットポイント}	○○○○○○○○○ ○○○○

❶ メラで 3回 こうげきをしました。 さそりばちを たおす ためには、
どうのつるぎで あと 何回 こうげきを すれば よいですか。

答え ＿＿＿＿＿＿ 回

❷ どうのつるぎで 1回 こうげきを しました。 さそりばちを たおす
ためには、 メラで あと 何回 こうげきを すれば よいですか。

答え ＿＿＿＿＿＿ 回

家族で ちょうせん！ ウルトラゆうしゃもんだい

フロッガーが あらわれました！ げろげろと ないています。

フロッガー	HP^{ヒットポイント}	○○○○○○○○○○ ○○○○○○○○○○

どうのつるぎと メラを 同じ 回数ずつ つかって フロッガーを たおします。
何回ずつ こうげきを すれば よいですか。

答え ＿＿＿＿＿＿ 回 ずつ

 とうの 近くに いた
モンスターたちを やっつけた！

 地図の❹に このシールを はろう！

 モンスターたちを おいはらえたわ！

これで とうに 入れそうだね。

はてなスライム ここが 王さまが 言っていた タスタスのとうだね。
上まで 行けば 何か あるのかな？
あれ、ゆかに 数字ときごうが 書いてあるよ！

タスタスのとうに つきました。とうの ゆかには 数字が
書かれていて、石ばんの やじるしが 通った ぶぶんの 数字を たすと
上の かいへ すすめるようです。

れい　**ゆか**

$$1 + 4$$
$$+ \quad +$$
$$2 + 3$$

石ばん

答え

6

やじるしの
通った ぶぶんの
数字を たすと、
1＋2＋3＝6だね。

つぎの といに 答えて 上の かいを 目ざしましょう。

---

1 1かいは 右のように、ゆかに 数字が
書かれていました。石ばんの やじるしが 通った
ぶぶんの 数字を たすと それぞれ
いくつに なりますか。

ゆか

$$2 + 3$$
$$+ \quad +$$
$$1 + 5$$

❶ **石ばん**　**答え**

❸ **石ばん**

答え

❷ **石ばん**

答え

答え

❹ **石ばん**

2 2かいは 右のように、ゆかに 数字が 書かれていました。
石ばんの やじるしが 通った ぶぶんの 数字を
たすと それぞれ いくつに なりますか。

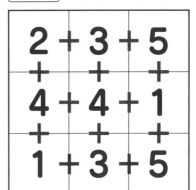

ゆか

2	+	3	+	5
+		+		+
4	+	4	+	1
+		+		+
1	+	3	+	5

❶

石ばん

答え

答え

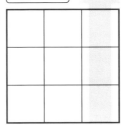

石ばん

❷

石ばん

答え

❸

家族で ちょうせん！ **ウルトラゆうしゃもんだい**

3かいは 右のように、ゆかに 数字が 書かれていました。
石ばんの やじるしが 通った ぶぶんの 数字を
たすと いくつに なりますか。

石ばん

ゆか

3	+	2	+	4
+		+		+
2	+	1	+	7
+		+		+
5	+	4	+	1

答え

みごとに いちばん 上のかいに
たどりついた！ とちゅうで
ちいさなメダルを 1まい 手に入れた！

地図の **5** に
このシールを
はろう！

ここが とうの いちばん
上の かいかしら？

あれ？ だれかが
いるみたいだよ。

おじいさん
わしは タスタスのとうの けんじゃじゃ。
ゾーマと たたかうには、6つの オーブが…… イカン！
たくさんの モンスターが おしかけてきよった!!

文章問題
クリアした日
月 日

たくさんの モンスターが けんじゃの じゃまをしに あらわれました。
つぎの といに 答えて、モンスターたちを おいはらいましょう。

ドラキー　さそりばち　スライム　おおありくい　モーモン
おおがらす　スライムベス　フロッガー　ホイミスライム　いっかくうさぎ

1 モンスターたちが よこ 1れつに ならんで 道を ふさぎました。
モンスターの じゅん番を あてれば、おいはらえそうです。

左　　　　　　　　　　　　　　　　　　　　　　　　右

❶ ホイミスライムは 左から 何番目ですか。

答え　　　　　　番目

❷ おおがらすは 右から 何番目ですか。

答え　　　　　　番目

❸ いっかくうさぎは 左から 何番目ですか。

答え　　　　　　番目

モンスターたちは まけないぞー！
と言って、こんどは かたぐるまをして、
道を ふさいできました。
モンスターの ばしょを
あてれば、たおせそうです。

上

左

右

下

❶ スライムベスは 下から 何番目に いますか。

答え _____ 番目

❷ さそりばちは 上から 何番目に いますか。

答え _____ 番目

❸ ホイミスライムが いるのは 左の れつと 右の れつの どちらですか。

答え _____ のれつ

家族でちょうせん！ ウルトラゆうしゃもんだい

❷の かたぐるまで 右の れつの 上から 4番目にいる モンスターは 何ですか。

答え _____

クリア！

モンスターたちを やっつけた！
タスタスのとうの けんじゃから
レッドオーブを もらった。

地図の❻に
このシールを
はろう！

ゾーマと たたかうには 6つの オーブが ひつようじゃ。わしが もっている
レッドオーブを さずけよう。さあ のこり 5つの オーブを さがすのじゃ。

ズッケイの岩山へ

はてなスライム

のこりの オーブって どこにあるのかな？
つぎの 町で 話を 聞けると いいね。
でも まずは この岩山を ぬけないとね！

岩山は 「お・い・も」の じゅん番に モンスターを たおしながら、
まよわずに 外に 出られるようです。モンスターを たおすと
書かれている ゴールドが 手に入ります。ゴールしたときに 岩山で
手に入った ゴールドの 合計は 何ゴールドに なるでしょう。

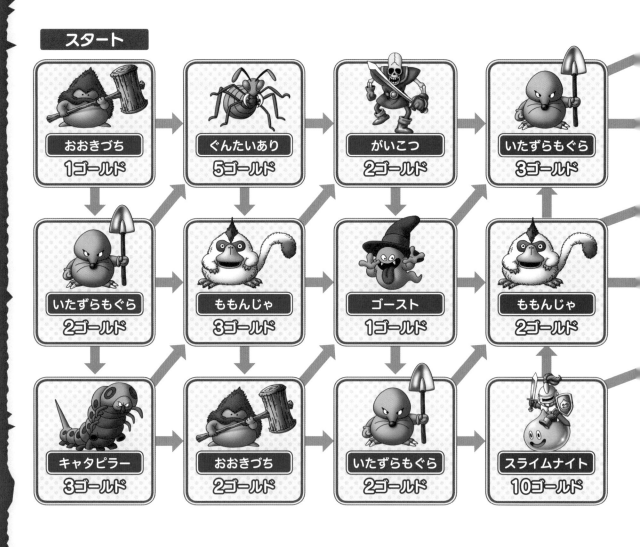

スタート

おおきづち	ぐんたいあり	がいこつ	いたずらもぐら
1ゴールド	5ゴールド	2ゴールド	3ゴールド
いたずらもぐら	ももんじゃ	ゴースト	ももんじゃ
2ゴールド	3ゴールド	1ゴールド	2ゴールド
キャタピラー	おおきづち	いたずらもぐら	スライムナイト
3ゴールド	2ゴールド	2ゴールド	10ゴールド

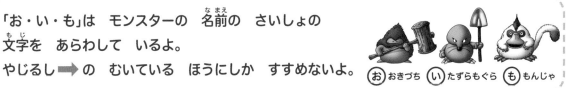

「お・い・も」は　モンスターの　名前の　さいしょの
文字を　あらわして　いるよ。
やじるし　➡　の　むいている　ほうにしか　すすめないよ。

お　おおきづち　い　たずらもぐら　も　もんじゃ

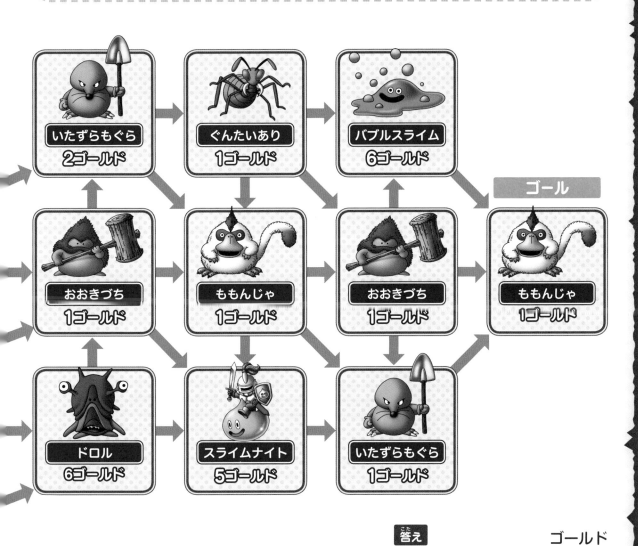

| いたずらもぐら | ぐんたいあり | バブルスライム |
| 2ゴールド | 1ゴールド | 6ゴールド |

| おおきづち | ももんじゃ | おおきづち |
| 1ゴールド | 1ゴールド | 1ゴールド |

ゴール

ももんじゃ
1ゴールド

| ドロル | スライムナイト | いたずらもぐら |
| 6ゴールド | 5ゴールド | 1ゴールド |

答え　　　　　　　　　　　　ゴールド

クリア！

ズッケイの岩山の　出口に
たどりついた！

地図の　7　に
このシールを
はろう！

おいもが　食べたく
なっちゃった。

ちょっと　おなかが
へってきたね。

出口に まちかまえる 強てき！

 なんとか 岩山を ぬけられそうだね。
あっ！ 岩山の 出口を 強そうな
モンスターたちが ふさいで しまっているよ！

スライムナイトと メタルライダーと
ハートナイトが あらわれました！
しかし、たくさんの たてを
おとして こまっているようです。
つぎの といに 答えましょう。

| スライムナイト | メタルライダー | ハートナイト |

 スライムナイトと メタルライダーと ハートナイトは、
いろいろな 形の たてを おとしてしまいました。

スライムナイトが おとした たて

メタルライダーが おとした たて

ハートナイトが おとした たて

❶ いちばん 多く たてを おとしたのは どのモンスターですか。

答え _____

❷ 3体の おとした ▲ の たては ぜんぶで いくつですか。

答え _____

❸ ⬡ の たてを たくさん おとした じゅん番に モンスターの 名前を
書きましょう。

答え _____　➡　_____　➡　_____

スライムナイトたちは、たてを ひろっていましたが、ふたたび おとしてしまい、ぜんぶの たてが まざってしまいました。

❶ ☆と △と ▨と ▽の たては 合わせて いくつ ありますか。

答え _____

❷ スライムナイトと ハートナイトは 自分が おとした たてを ぜんぶ ひろいました。メタルライダーは 自分が おとした ▨と ☆の たてを ぜんぶ ひろいました。メタルライダーが ひろっていない たては あと いくつ あるでしょうか。

答え _____

★家族でちょうせん！ **ウルトラゆうしゃもんだい**

いちばん 多い たての 形と、いちばん 少ない たての形は、いくつ ちがいますか。

答え _____

スライムナイトたちの たての 数を 数えて やっつけた！
ズッケイの岩山を 通りぬけた！

地図の❽に このシールを はろう！

これで ズッケイの岩山を ぬけたわね！

もう少しで つぎの 町に つくみたいだよ。

ヒキザーンの町を 目ざして

はてなスライム

王さまに もらった 世界地図に よると、つぎの 町の 名前は ヒキザーンの町だね。あれ、たくさんの モンスターたちが いそがしそうに いどうしているね？

ヒキヒキ草原では いろいろな モンスターが
なかまを よんだり、にげたり して いました。
つぎの といに 答えましょう。

ぐんたいアリ

おおねずみ

もみじこぞう

 1

ぐんたいアリが 3体 います。ぐんたいアリは、
5体の なかまを よびました。そのあと、
2体の ぐんたいアリが にげました。
ぐんたいアリは、みんなで 何体に
なりましたか。

ぐんたいアリの 数は、
なかまを よぶと
ふえるんだよ。

答え　　　　　　　　　体

 2

おおねずみが 6体 います。おおねずみは、4体の なかまを よびました。
3体の おおねずみを たおしたあと、2体の おおねずみが にげました。
おおねずみは、みんなで 何体に なりましたか。

答え　　　　　　　　　体

❸ もみじこぞうが　5体　います。もみじこぞうは、7体の　なかまを　よびました。そのあと、3体の　もみじこぞうが　にげて、5体の　もみじこぞうを　たおしました。もみじこぞうは、ふたたび　6体の　なかまを　よびましたが、そのあと　もみじこぞうを　ぜんぶ　たおしました。もみじこぞうは　何体の　なかまを　よびましたか。また、何体の　もみじこぞうを　たおしましたか。

もんだいを　よく
読んでみてね！

答え なかまは　　　　　体　よび、　　　　　体　たおした。

ウルトラゆうしゃもんだい
家族でちょうせん！

ぐんたいアリが　6体、おおねずみが　4体　います。
ぐんたいアリと　おおねずみは　自分と　同じ　なかましか　よびません。
ぐんたいアリは　7体の　なかまを　よびました。ぐんたいアリを　8体　たおし、おおねずみを　3体　たおしました。そのあと　おおねずみが　1体　にげ、ぐんたいアリは　3体の　なかまを　よびました。そのあと、ぐんたいアリを　4体　たおしました。ぐんたいアリは、のこり　何体ですか。

答え ＿＿＿＿＿　体

モンスターたちを　やっつけて、
ヒキヒキ草原を　通りぬけた！

地図の❾に
このシールを
はろう！

モンスターたちは　なかまを
いっぱい　よんで　いたわ！

たくさん　ふえると
手強い　てきに　なるね。

10 ぬすまれた アイテムを さがそう！

青年
たいへんだ！ 町に とうぞくが あらわれて、
だいじなものを ぬすんでいって しまったんだ！
キミたちも、とりもどすのを てつだって くれないか？

ヒキザーンの町

数かぞえ問題
クリアした日
月　日

町で ほかんしていた だいじなものを
とうぞくに ぬすまれて しまいました。
ぬすんでいった とうぞくと、ぬすまれた だいじなものを 見つけましょう。

1 1から じゅん番に 数字の ある ●を 線で むすぶと、
ぬすんでいった とうぞくが わかります。
とうぞくの 正体を あ い う から えらびましょう。

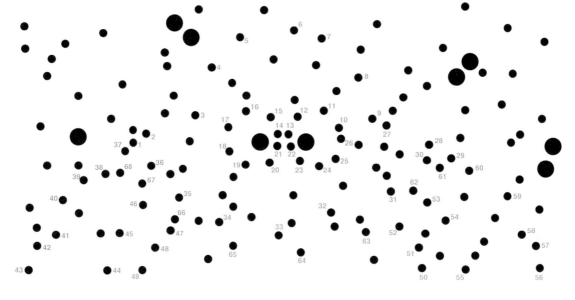

●は 1から
68まで あるよ！

あ
ようじゅつし

い
カンダタ

う
ミイラ男

答え ぬすんでいったのは　　　　　　だよ。

2 ●、▲、■を それぞれ 1から じゅん番に 線で むすぶと、ぬすまれた だいじなものが わかります。だいじなものを あいう から えらびましょう。

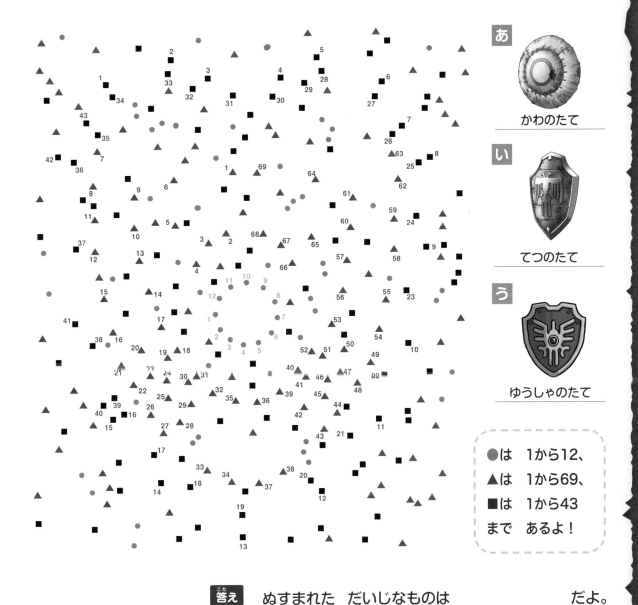

あ
かわのたて

い
てつのたて

う
ゆうしゃのたて

●は 1から12、
▲は 1から69、
■は 1から43
まで あるよ！

答え ぬすまれた だいじなものは 　　　　　　だよ。

クリア！ とうぞくと だいじなものの 名前が わかった！ おれいに ちいさなメダルを 1まい もらった！

地図の **⑩** に このシールを はろう！

あ！ その とうぞくの アジトは 町の 先のほうに ありますよ！

とうぞくは つかまえないと！ さっそく 行ってみましょう！

いろんな 色の スライムたちが いるんだね。
あれれ、スライムたちが あつまって 合体した！？
大きな モンスターになって こっちに むかってきたよ！

文章問題

クリアした日

月 日

青スライム、赤スライム、みどりスライムが 1体ずつ あつまると
合体して スライムタワーに、青スライムが 8体 あつまると、
合体して キングスライムに なります。つぎの といに 答えましょう。

青スライム、赤スライム、
みどりスライムが 1体ずつ 合体

スライムタワー

青スライムが 8体 合体

キングスライム

1 青スライム、赤スライム、みどりスライムが それぞれ 5体ずつ いたとき、
スライムタワーは 何体に なりますか。

答え　　　　　　　　　　　体

② 青スライムが　16体　いたとき、キングスライムは　何体に　なりますか。

答え　　　　　　　　体

③ 青スライムが　7体、赤スライムが　9体、みどりスライムが　6体　いたとき、スライムタワーは　何体に　なりますか。

答え　　　　　　　　体

家族でちょうせん！ ウルトラゆうしゃもんだい

青スライムが　28体、赤スライムが　4体、みどりスライムが　4体　いました。
青スライムが　8体よりも　多く　あつまったときは、まず　キングスライムに
なります。このとき、キングスライム、スライムタワーは、それぞれ　何体に
なりますか。

答え　キングスライムが　　　　体　スライムタワーが　　　　体

 クリア！

合体した　スライムたちを
がんばって　やっつけた！

 地図の⓫に
このシールを
はろう！

 スライムって　合体する
ことが　あるのね。

あれが　アジトかな？
どうくつが　見えてきたよ！

とうぞくだんの
アジト

ここが とうぞくだんの アジトだね。あ、気をつけて！
ゆかに あなが あいていて、あぶないよ！ 近くに
ある いたを つかえば 前に すすめるかな？

はてなスライム

図形問題
クリアした日
月　日

とうぞくたちは、どうくつに しんにゅうしゃが 入らないように、ゆかに
あなを あけました。ゆかの あなに あてはまる いたを おけば、
前に すすむことが できます。つぎの といに 答えましょう。

1 ゆかの ①〜⑥の あなに いたを おきます。1つの あなにつき、あ〜か の
中から あてはまる いたを おき、あなを ふさぎましょう。

とうぞくだんの
アジト 1かい

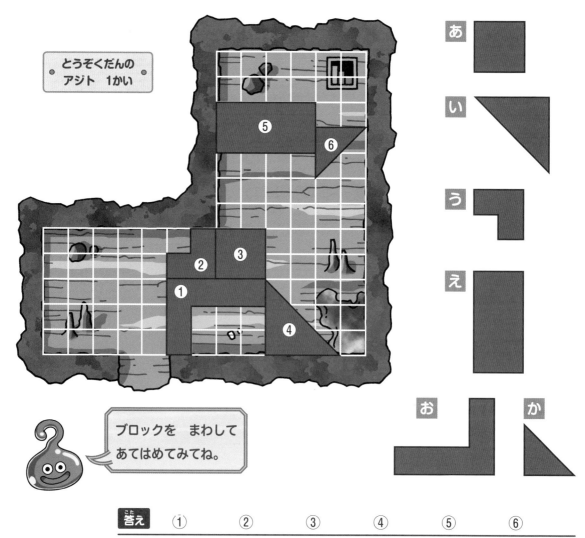

ブロックを まわして
あてはめてみてね。

答え　①　　②　　③　　④　　⑤　　⑥

2 ゆかの ①〜⑥の あなに いたを おきます。1つの あなにつき、〜の 中から あてはまる いたを おき、あなを ふさぎましょう。

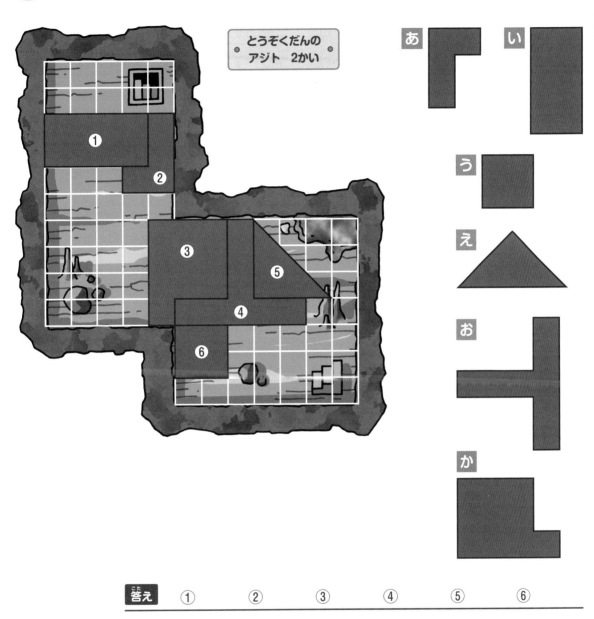

とうぞくだんの
アジト 2かい

あ　　い

う　え

お　か

答え　①　　　②　　　③　　　④　　　⑤　　　⑥

どうくつを 先に すすんだ！
とちゅうで ちいさなメダルを
1まい 手に入れた！

地図の⑫に
このシールを
はろう！

 ちょうど あてはまる いたが
あって よかったね。

とうぞくたちが そのまま
いたを おいていったのね。

カンダタ ん、おまえらは だれだ？　あ！　さては、町から ぬすんだ ものを とりかえしに きたんだな？　そうはさせるか。よし、こぶんども おいはらえ！

文章問題
クリアした日
　月　日

ゆうしゃが こうげきすると モンスターの HP（体力）に あたえる ダメージは 下のようになります。カンダタたちの HPを0にすれば たおせます。カンダタたちを たおしましょう。

ゆうしゃの こうげき
メラ　1体に○○のダメージ
イオ　ぜんいんに○○ずつのダメージ
どうのつるぎ　1体に○○○○のダメージ
かえんぎり　1体に○○○○○○のダメージ

イオは ばくはつを おこす じゅもん。かえんぎりは 火で こうげきする わざだよ！

 カンダタこぶんが 2体 あらわれました。

カンダタこぶん　HP　○○○○○○○○○○○○○○○○○○
カンダタこぶん　HP　○○○○○○○○○○○○○○○○○○

カンダタこぶん

❶ カンダタこぶん 1体を たおす ためには、どうのつるぎで 何回 こうげきを すれば よいですか。

答え　　　　　　　　　回

❷ イオで 3回 こうげき したあと、2体を どうのつるぎで 1回ずつ こうげきして、そのあと 1回 かえんぎりを くり出しました。
のこった カンダタこぶんを たおすために、
メラで あと何回 こうげきを すれば よいですか。

答え　　　　　　　　　回

2 カンダタが あらわれました！

| カンダタ | HP | ○○○○○○○○○○○○○○○○○○○○○
○○○○○○○○○○○○○○○○○○○○○ |

カンダタを メラで 6回 こうげきしたあと、どうのつるぎで 4回
こうげきをしました。カンダタを たおすためには、かえんぎりを
何回 くり出せば よいですか。

答え ⬚ 回

 **家族でちょうせん！ ウルトラゆうしゃもんだい**

カンダタと カンダタこぶんが あらわれました。

| カンダタ | HP | ○○○○○○○○○○○○○○○○○○○○○
○○○○○○○○○○○○○○○○○○○○○ |
| カンダタこぶん | HP | ○○○○○○○○○○○○○○○○○○ |

どうのつるぎで、カンダタを 2回、カンダタこぶんを 3回 こうげきしました。
そのあと、イオで 2回 こうげきして、カンダタこぶんを たおしました。
そのあと、メラで 6回、かえんぎりで 1回 こうげきを すると、
カンダタの HPは いくつ のこって いますか。

答え

 クリア！

カンダタたちを たおした！
ぬすまれた ゆうしゃのたてを
とりもどした！

 地図の⑬に
このシールを
はろう！

ゆうしゃのたてを かえすから
ゆるしてくれよ！ な！ な！

もう、こんなこと したら
ダメだよ！

町に もどる とちゅうで、ふくめんを かぶった 男たちが ぶつかってきて、野さいや くだものが 馬車から おちて しまったんだ。男たちは とうの ほうへ にげていったよ。
商人

ヒキザーンの町

文章問題
クリアした日
月　日

にげていく カンダタたちと ぶつかって、商人の 馬車から
野さいや くだものが おちてしまいました。
馬車に のこった 野さいや くだものを 見て、いくつ おちたかを
しらべてあげましょう。

 野さいの 数を しらべましょう。

さいしょに あった 野さい　　　　馬車に のこった 野さい

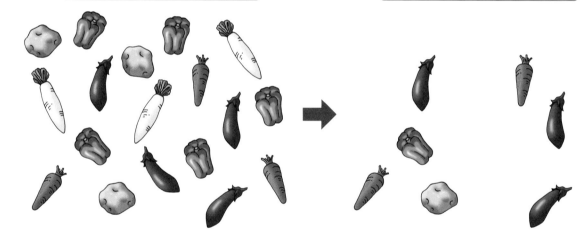

❶ さいしょに あった 野さいは ぜんぶで 何こですか。

答え　　　　　　　　　　こ

❷ おちた 野さいは ぜんぶで 何こですか。

答え　　　　　　　　　　こ

② くだものの 数を しらべましょう。

さいしょに あった くだもの	馬車に のこった くだもの

 →

❶ 馬車に のこった くだものは ぜんぶで 何こですか。

答え _____ こ

❷ おちた くだものは ぜんぶで 何こですか。

答え _____ こ

 ウルトラゆうしゃもんだい

しらべて あげた おれいに、馬車に のこった 野さいと くだものの 中で、
2こか 3こ のこった ものを ぜんしゅるい 2こずつ もらいました。
もらった 野さいや くだものは ぜんぶで 何こですか。

答え _____ こ

 クリア！

町の 人に ゆうしゃのたてを
とりもどした ことを ほうこくした！
おれいに ブルーオーブを もらった！

 地図の ⓮ に
このシールを
はろう！

 この ゆうしゃのたても
ぜひ つかってください。

これで 2つ目の オーブだね！
ゆうしゃのたても ありがとう！

 ブルーオーブが 手に 入って よかったね！
カンダタたちは あわてて にげた みたいだけど、
ちょっと あやしいね。おいかけてみる？

文章問題
クリアした日
月　日

ヒキヒキ草原の 道を、ばくだんいわ、スマイルロック、
メガザルロックが ふさいでいます。2回 こうげきをして、
ダメージが ちょうど つぎの 数に なるように しないと、
ばくはつして 大ダメージを うけてしまいます。

ちょうど10　　　　ちょうど15　　　　ちょうど20

れい ばくだんいわへの 1回目の こうげきで
3の ダメージを あたえたとき、2回目の
こうげきでは、7の ダメージを あたえないと
ばくはつしてしまいます。

ばくだんいわ

| 3 | と | 7 |

つぎの といに 答えましょう。

ばくだんいわ、スマイルロック、メガザルロックが ばくはつしないように
するとき、2回目の こうげきでは、いくつ ダメージを
あたえれば よいですか。
□に あてはまる 数を 書きましょう。

あと いくつで、ちょうどの
数に なるかな。

スマイルロック　　　　　　　　メガザルロック

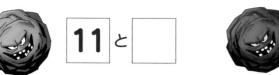 11 と □　　　15 と □

ばくだんいわ ばくだんいわ ばくだんいわ

2	と	

6	と	

9	と	

スマイルロック スマイルロック メガザルロック

3	と	

9	と	

10	と	

 家族で ちょうせん！ # ウルトラゆうしゃもんだい

ばくだんいわ 2体と、メガザルロック 2体が あらわれました。
ばくはつしないように こうげきを したとき、あたえた ダメージの 合計は、
いくつに なりますか。

ばくだんいわ ばくだんいわ メガザルロック メガザルロック

答え

 **クリア！**

ばくだんいわたちを ばくはつ
させないで やっつけた！

 地図の 15 に
このシールを
はろう！

 ばくはつするかと 思って
ひやひやしたね。

これで 道が 通れるように
なったね。

ここが カンダタたちが にげこんだ
エンチューのとうだね。ぐるぐると まわりながら
上に のぼっていけそうだよ！

エンチューのとうに たどりつきました。この とうでは、かいごとに
8つの 数が ある きまりで ならんでいますが、そのうちの 2つは
見えません。この 見えない 2つの 数を たした 数が わかれば、
上の かいに 行けます。

れい 右のような ときは、1から 8まで
じゅん番に 数が ならんで いるので、
あの 数は 4、**い**の 数は 7 です。
あ＋**い**＝11で、11が 答えになります。

つぎの といに 答えましょう。

1 **あ** **い** に 入る 数を 考えて、その 2つの 数を たした 数を
答えましょう。

❶ 1かい

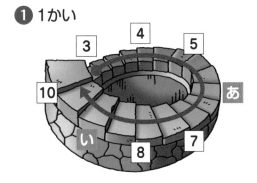

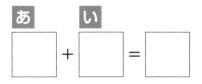

あ　　い

□ ＋ □ ＝ □

あと**い**には どんな
数が 入るかな。

❷ 2かい

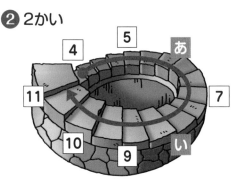

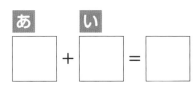

あ　　い

□ ＋ □ ＝ □

❸ 3かい

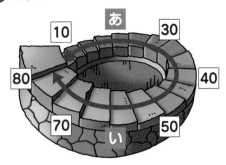

あ ＋ い ＝ □

数は　10ずつ
大きくなっているね。

❹ 4かい

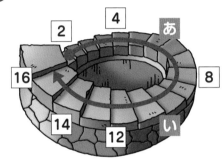

あ ＋ い ＝ □

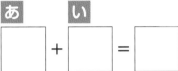
数は　2ずつ
大きくなっているよ。

❺ 5かい

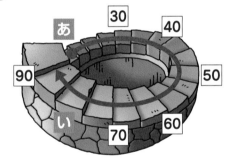

あ ＋ い ＝ □

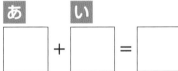
数は　いくつずつ
大きくなっているかな。

クリア！

エンチューのとうを　のぼった！
とちゅうで　ちいさなメダルを
1まい　ひろった！

地図の⓰に
このシールを
はろう！

上の　かいから　だれかの
話し声が　聞こえるわ。

きっと　カンダタたちだね。
よし、行ってみよう！

カンダタ

ぬぁ！　ゆうしゃたち、どうして　ここに！
さては、オレが　ぬすんだ　おたからが、ほかにも
ここに　あるから　おいかけてきたのか！？

数数え問題

クリアした日

月　　日

おいつめられた　カンダタの　さいごの　わるあがき！
あたりいちめんに　○、△、□の　数字を　ばらまいてきました。
もんだいに　答えて　カンダタを　やっつけましょう。

つぎの といに 答えましょう。

❶ ●、▲、■に 書かれた ぜんぶの 数の うち、いちばん 大きい 数は
何でしょう。

答え _____

❷ ●、▲、■に 書かれた ぜんぶの 数の うち、いちばん 小さい 数は
何でしょう。

答え _____

❸ ●、▲、■は、それぞれ 何こ ありますか。

答え ●は　　　こ、▲は　　　こ、■は　　　こ

❹ ●に 書かれた 数の うち、2番目に 大きい 数は 何でしょう。

答え _____

❺ ●、▲、■に 書かれた ぜんぶの 数の うち、80より 大きい 数は
何こ ありますか。

答え _____こ

家族で ちょうせん！ **ウルトラゆうしゃもんだい**

(■の 2番目に 大きい数)−(▲の いちばん 小さい数)−(●の 3番目に 小さい数)
の 答えは いくつですか。

答え _____

カンダタを やっつけた！ カンダタは
グリーンオーブを かくしもっていた。
なんと、グリーンオーブを 手に入れた！

地図の ⓱に
このシールを
はろう！

やったー！ 3つ目の オーブ、
グリーンオーブよ！

それじゃ とうを 出て
つぎの ばしょを 目ざそう！

おばあさん
さいきん 村長の ようすが おかしいんじゃ。
計算が すきで とくいだったのに、
このまちがいだらけの 計算を 見ておくれよ。

計算問題
クリアした日

月　　日

計算が とくいな 村長の ようすが いまと むかしで ちがいます。
むかしは ぜんぶ 正かいしていた 計算ですが、いまでは 何もんも
まちがえてしまうように なりました。
村長の 書いた 答えの 中で、
まちがって いる 計算を 右のように
正しく 直して あげましょう。

計算の 直し方

$$2 + 3 = \cancel{4}$$
$$5$$

1 つぎの 計算の 中で、まちがって いる 計算を
正しく 直しましょう。

$5 + 2 = 7$

$3 + 6 = 8$

5つ 答えが
まちがっているよ。

$14 + 1 = 13$

$7 + 3 = 10$

$11 + 6 = 19$

$6 + 4 = 9$

$8 + 3 = 11$

$9 + 7 = 15$

2 つぎの 計算の 中で、まちがって いる 計算を
正しく 直しましょう。

6つ 答えが
まちがっているよ。

$2 + 3 + 4 = 10$

$8 - 2 - 1 = 7$

$9 + 1 + 6 = 16$

$10 + 5 - 2 = 2$

$17 - 7 + 1 = 9$

$12 + 6 - 5 = 13$

$18 - 6 + 4 = 8$

$10 - 4 + 1 = 5$

家族で ちょうせん！ **ウルトラゆうしゃもんだい**

王さまが ＋と －の きごうを 書きわすれて しまいました。
□に あてはまる ＋や －の きごうを 書きましょう。

$9 \;□\; 1 \;□\; 5 = 5$　　$8 \;□\; 3 \;□\; 4 = 9$　　$12 \;□\; 2 \;□\; 4 = 6$

クリア！

村長の 計算を 直した！
おばあさんが もっていた
ちいさなメダルを 1まい もらった！

地図の ⑱に
このシールを
はろう！

村長さんは どうして
かわって しまったのかしら？

村長さんを たずねて
話を 聞いてみよう！

手がみの あんごうを とこう！

しんぷさん

ふむ。村長に 会いたいと いうのか。
よし、この手がみの あんごうを みごと といて
あるものを もってきたら 村長に 会わせても よいぞ。

村長に ないしょで しんぷさんから つぎのような
手がみを もらいました。

> 7 8 14 9 17 にある
>
> 8 19 1 15 12 3 がひつよう
>
> しんぷより

下の あんごうひょうの 計算の 答えが
しんぷさんの 手がみの 数字の 文字になります。

れい

1＋5＝ 6 ➡ト

8－4＝ 4 ➡マ

手がみに 「6 4 6」と 書いてあれば
答えの 文字が 6が「ト」、4が「マ」だから
「6 4 6」は 「トマト」に なるね！

あんごうひょう

19－2＝ □ ➡ド	7＋8＝ □ ➡か
3＋5＝ □ ➡ラ	9＋5＝ □ ➡ミ
11－2＝ □ ➡ッ	8－7＝ □ ➡の
15－3＝ □ ➡が	13＋6＝ □ ➡—
8－6＝ □ ➡ゴ	8＋8＝ □ ➡ン
10－7＝ □ ➡み	3＋4＝ □ ➡ピ

しんぷの 手がみには 何が 書かれて いましたか。
つぎの □に あてはまる 文字を 書きましょう。

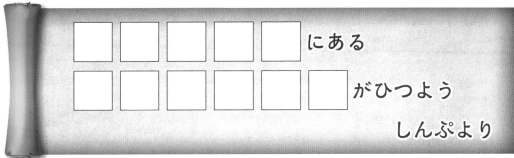

□	□	□	□	□	にある
□	□	□	□	□	□ がひつよう

しんぷより

あんごうひょうの 答えで わかった 文字を
しんぷさんの 手がみの 数字に あてはめてみよう！

家族で ちょうせん！ ウルトラゆうしゃもんだい

つぎの 計算の 答えと 同じ 答えと 文字を あんごうひょうから
見つけて 書いてみよう。どんな ことばが 出てくるかな？

❶ 12−2+7= □　　　❸ 9−3−4= □

❷ 3+7−2= □　　　❹ 10+9−3= □

❶〜❹の じゅん番に 文字を ならべると…

❶ □　　❷ □　　❸ □　　❹ □

しんぷの 手がみの あんごうを といた！
手がみに そえられていた
ちいさなメダルを 1まい 手に入れた！

地図の ⑲に
このシールを
はろう！

しんぷさんの 手がみに あった
あるものを さがしてみましょう！

もくてきちは 町の 外へ
出て さばくの 先だね！

ククさばくは 本当に あついね！
オアシスで しっかり 休んで、水をのみながら
近道を えらんで すすんで いこうね！

ククさばく

あつい さばくを 歩いて オアシスまで 行きます。
いちばん 近い 道を 通って オアシスまで 行くには、
どの 道を 通れば よいですか。

れい

スタート

| 1 | 2 | 3 | 4 | 5 | 6 | 7 | 8 | 9 |

ゴール

モンスターと たたかう
ときは 3マス分

木の かげで 休む
ときは 2マス分

□…1マス
🌳…2マス
🦔…3マス

① あと いでは どちらの 道が 近いですか。

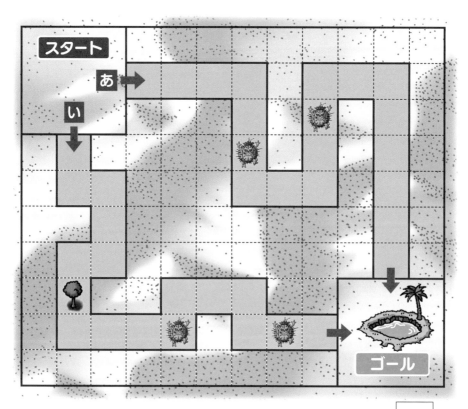

答え 近いのは □ の 道だよ。

2 あ〜うの 中で、どの 道が いちばん 近いですか。

スタート

あ →

う ↓

い ↓

→ ゴール

答え いちばん 近いのは ☐ の 道だよ。

ククさばくを のりこえた！
とちゅうで ちいさなメダルを
1まい ひろった！

地図の **20** に
このシールを
はろう！

もう へとへとだよ……。

もう少しで ピラミッドに
とうちゃくするわ！

はてなスライム

ピラミッドの 中は ちょっと すずしいね！
あれ、ほうたいを まいた 人が 歩いて
くるよ。あ！ 人じゃなくて ミイラ男だ！？

ミイラ男は ゆうしゃたちを こうげきしようと
してきました。しかし、ほうたいが とれてしまい、
こまっているようです。
つぎの といに 答えましょう。

ミイラ男

1 下の 絵は、とれた ほうたいを ならべた ようすです。
いちばん 長いのは あ〜え のうち どれでしょうか。

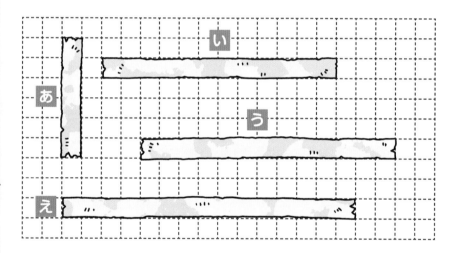

マスの 数を
数えて、ほうたいの
長さを くらべよう！

答え

2 上の 絵で、い と う の ほうたいの 長さは、どちらのほうが 何マス分
長いでしょうか。

答え　　　　の ほうたいが　　　　マス分 長い。

こんどは ミイラ男の りょう手の ほうたいが ほどけて
しまいました。ほうたいの 長い じゅんに ①～④を ならべましょう。

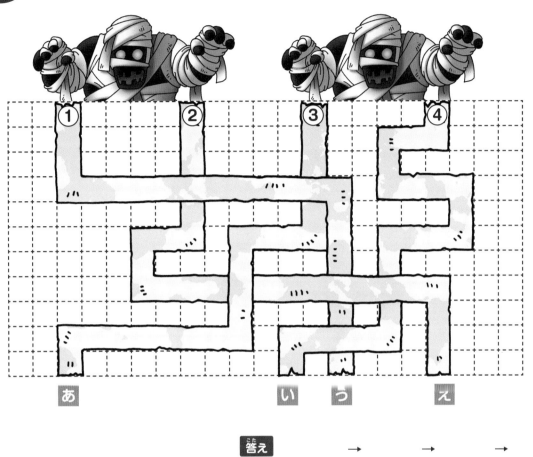

① ② ③ ④

あ　　　い　う　　え

答え　　　　　　→　　　　　→　　　　　→

 ミイラ男は ほうたいが からまって こまっているようです。上の 絵で、
①～④の ほうたいの 先は、あ～え の どれに なりますか。

答え　　①：　　　②：　　　③：　　　④：

ミイラ男を たすけてあげた！
ミイラ男は おれいを 言って
さっていった。

地図の㉑に
このシールを
はろう！

 たたかわずに すんで
よかったね。

この先に 大きな
へやが あるみたいよ。

クク王のピラミッド

> すごい！　ラーのかがみと　ざいほうが　あるよ！
> でも　かがみに　うつった　計算を　とかないと、
> どっちも　手に　入らないみたいだよ。

はてなスライム

ラーのかがみと　ざいほうは、かがみで　右と　左、
上と　下が　はんたいに　なった　数の　計算もんだいに　答えると
手に　入ります。つぎの　といに　答えましょう。

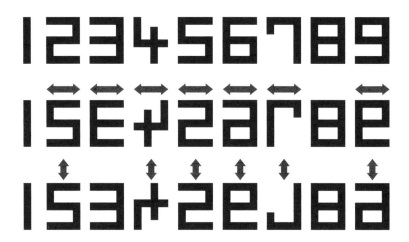

ふつうの
数字

1 2 3 4 5 6 7 8 9

右と　左が
はんたいの　数字

1 5 3 4 5 6 7 8 9

上と　下が
はんたいの　数字

1 5 3 4 5 6 7 8 9

---

 ① 右と　左が　はんたいに　なった　数の
計算もんだいを　ときましょう。

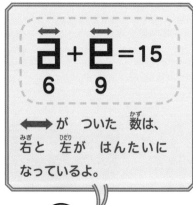

$$\overleftrightarrow{a} + \overleftrightarrow{e} = 15$$
6　　9

⟷ が　ついた　数は、
右と　左が　はんたいに
なっているよ。

• $9 + \overleftrightarrow{2} = \boxed{}$

• $8 - \overleftrightarrow{5} = \boxed{}$

• $5 + \overleftrightarrow{5} - \overleftrightarrow{6} = \boxed{}$

2 上と 下が はんたいに なった 数の
計算もんだいを ときましょう。

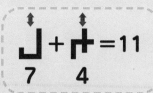

・3 + 2 = ☐

・2 − 2 = ☐

・8 − 5 + 2 = ☐

上と 下が はんたいに
なった 数を 元に
もどして 計算するよ。

家族で ちょうせん！ **ウルトラゆうしゃもんだい**

右と 左、上と 下が はんたいに なった 数の 計算もんだいを
ときましょう。

・5 + 2 + 2 = ☐

・2 + 2 − 5 = ☐

・2 − 5 + 2 = ☐

かがみの もんだいを といた！
ラーのかがみと、なんと ざいほうから
イエローオーブを 手に入れた！

地図の **22** に
このシールを
はろう！

イエローオーブも 手に
入って よかったわ！

オーブは あと 2つ
さがせば いいんだね。

しんぷさん おお、ラーのかがみを 手に入れたか。
この かがみは 本当の すがたを うつし出すんだよ。
さっそく 村長に つかってみよう。

ラーのかがみを つかうために 村長が いる へやに 行きます。
村長に 気づかれないように、こっそりと 音を 立てずに すすみます。
つぎの といに 答えましょう。

1 足音が しない(4 7 1)ように、計算の 答えが 4か 7か 1になる
マスに ○を つけながら すすみましょう。

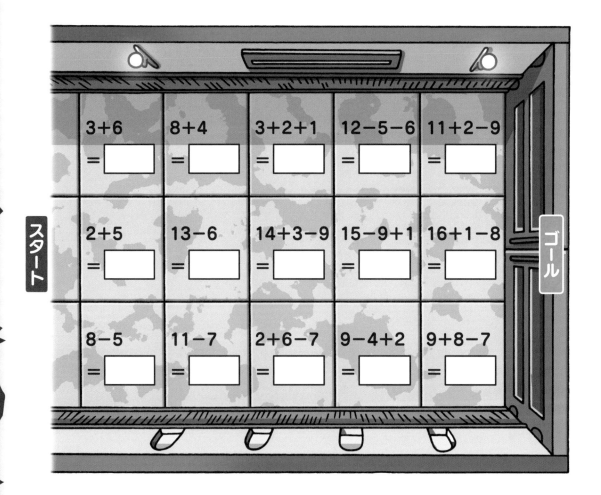

スタート	3+6 =	8+4 =	3+2+1 =	12−5−6 =	11+2−9 =	ゴール
	2+5 =	13−6 =	14+3−9 =	15−9+1 =	16+1−8 =	
	8−5 =	11−7 =	2+6−7 =	9−4+2 =	9+8−7 =	

② 村長の　へやに　つきました。とびらには　かぎが　かかっています。
はりが　さす　数字を　じゅん番通りに　4回　合わせると　かぎが　あきます。
さいしょの　数字は　はりを　1から　右回りに　3目もり　うごかした　4です。

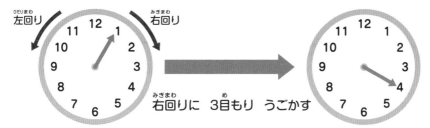

左回り　右回り

右回りに　3目もり　うごかす

つぎの　ヒントを　見て　2つ目から　4つ目の　数字を　答えましょう。
2つ目の　数字：1つ目の　数字から　右回りに　3目もり　うごかす。
3つ目の　数字：2つ目の　数字から　左回りに　6目もり　うごかす。
4つ目の　数字：3つ目の　数字から　左回りに　3目もり　うごかす。

答え　　2つ目　　　、3つ目　　　、4つ目

ウルトラゆうしゃもんだい

家族で　ちょうせん！

問題2と　同じ　かぎが　あります。数字を　さす　はりを　じゅん番通りに　5回
合わせると　かぎが　あきます。つぎの　ヒントを　見て　5つ目の　数字を　答えましょう。
1つ目の　数字：1から　右回りに　5目もり　うごかす。
2つ目の　数字：1つ目の　数字から　右回りに　6目もり　うごかす。
3つ目の　数字：2つ目の　数字から　左回りに　4目もり　うごかす。
4つ目の　数字：3つ目の　数字から　右回りに　7目もり　うごかす。
5つ目の　数字：4つ目の　数字から　左回りに　14目もり　うごかす。

答え

クリア！

村長の　へやに　たどりついた！
村長を　ラーのかがみに　うつした！
なんと　村長が……！？

地図の㉓に
このシールを
はろう！

かがみに　うつっているのは
村長さんじゃ　ないよ！

モンスターが　村長さんに
ばけていたのね！？

ボストロール　ぐひひひ　村長に　ばけていたのを
見やぶられて　しまったか。
このまま　かえすわけには　いかないなぁ。

ラーのかがみに　うつし出されたのは　なんと　ボストロールだった！
ボストロールが　ものすごく　大きな　体を　ゆらしながら　おきあがり、
大きな　こんぼうを　つかって　こうげきを　してきました！

1 ボストロールは　大きな　こんぼうを　ふり上げて、地めんを
たたきつけるように　こうげきを　してきました。
計算の　答えが　わかれば　よけることが　できます。
すべての　計算に　答えましょう！

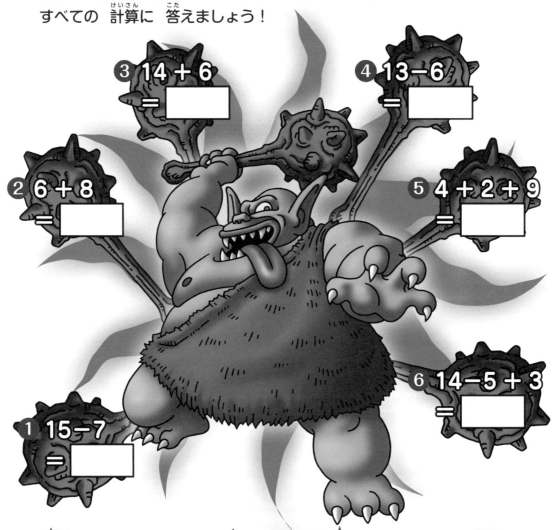

③ 14 ＋ 6 =

④ 13 － 6 =

② 6 ＋ 8 =

⑤ 4 ＋ 2 ＋ 9 =

⑥ 14 － 5 ＋ 3 =

① 15 － 7 =

②

ボストロールが 大きな こんぼうで 地めんを たたいたので、ゆかの 色の ついた タイルに 書かれていた 数字や、＋や −の きごうが 入れかわって しまいました。計算が 正しく なるように 色の ついた タイルの 数字や きごうを 書いて、ボストロールを やっつけましょう。

入れかわって しまった タイル(黄色いタイル)

5	+	7	=	14
17	+	8	=	9
9	−	4	=	12
11	−	6	=	6

正しい タイルの ばしょを 書きましょう

5	+	①	=	14
17	②	8	=	9
③	④	4	=	⑤
⑥	−	6	=	6

+	−	7	9	11	12

クリア！

ボストロールを たおした！
ボストロールから なんと
シルバーオーブを 手に入れた！

地図の㉔に このシールを はろう！

ばけていた モンスターを たおせたわ。

シルバーオーブを おとしたよ。5つ目の オーブだ！

本ものの 村長からの おれい

村長

ふぅ、ボストロールから たすけてくれて ありがとう。
しんぷから、ゆうしゃは 算数が とくいだと
聞いたぞ。わたしも 算数が 大すきなのじゃ！

計算問題
クリアした日
月　日

ボストロールに とらわれていた 村長に 会うことが できました。
村長は 算数が 大すきで、ゆうしゃたちに 計算の うでまえを
見せてほしいと 言ってきました。

> ゆうしゃたちは たし算も ひき算も
> とくいだと 聞いたが、
> ひとつ 見せて くれるかい？

 つぎの 計算を しましょう。

❶ 1+3=

❷ 2+4=

❸ 3+6=

❹ 8+2=

❺ 4+7=

❻ 8+9=

❼ 20+3=

❽ 43+6=

❾ 1+2+7=

❿ 2+3+5=

2 つぎの 計算を しましょう。

❶ 5−2= ☐

❷ 9−6= ☐

❸ 3−1= ☐

❹ 10−4= ☐

❺ 15−7= ☐

❻ 12−8= ☐

❼ 27−3= ☐

❽ 52−1= ☐

❾ 10−3−2= ☐

❿ 10−5−1= ☐

家族で ちょうせん！ ウルトラゆうしゃもんだい

つぎの 計算を しましょう。

❶ 94+5−8= ☐

❷ 80+20−30= ☐

❸ 77−7−10= ☐

❹ 100−90+8= ☐

村長は ひじょうに まんぞくした。
おれいに ゆうしゃのつるぎと
船を くれた！

地図の 25 に
このシールを
はろう！

たすけてもらった おれいと、みごとな
計算を 見せてくれた おれいじゃ！

ありがとう
ございます！

はてなスライム

サンスーラの村で 船を もらえて よかったね。
つぎは どこに 行くのかな? あれ、海の なみに
のって 船が かってに すすんでいっちゃうよ〜〜!?

ゆうしゃは グラーフ海に やってきました。船に のって、海を
すすんで きましたが、とつぜん 船が かってに うごき出しました。
つぎの もんだいを とけば、船は うまく なみに のれそうです。
船を 止めないように すすみましょう。

1 下の 図の 計算をして、船を うまく なみに のせて、
ゴールに 入る 数字を 書きましょう。

> 同じ 形には 同じ 数字が
> あてはまるよ。
> 2+1=3だから、〇は 3だね。
> ☆は、〇に 3を たした 数だよ。

スタート	2	+	1	=	〇	→	〇	+	3
									=
+	♪	←	♪	=	2	+	☆	←	☆
4									
=		+	3	=			4	=	
□	→	□		◇	→	◇	+		ゴール

2 海が あれて きました。下の 図の 計算をして、船を うまく
なみに のせて、ゴールに 入る 数字を 書きましょう。

スタート

3		○	−	4		5	−	3	=
+		↑		=		+			♪
2	=	○		☆	→	☆		♪	←
								+	
		↓	△	=	2		7	−	
		△			+			4	
	=	2	+			◇	←	◇	＝

ゴール

ウルトラゆうしゃもんだい

2 の あれた 海の ○、☆、♪、◇、△の 数字を ぜんぶ たすと いくつになる？

答え _____

クリア！

あれた 海を のりこえた！
とちゅうで ちいさな メダルを
1まい ひろった！

地図の **26** に
このシールを
はろう！

海が あれてて
ちょっと よいそう……。

あ！ ボロボロに なった
船が 近づいてくるよ！

ゆうれい船

ゆうれい船長	ここは ゆうれい船じゃよ。ずっと この海を さまよって いるんじゃが、時計が こわれて 時間が わからなくて こまってるんじゃ……

時計問題
クリアした日
月　日

ゆうれい船から ゆうれい船長が 出て きました。
ゆうれい船長は 船の 時計が こわれてしまい、
もう ずっと 長い間、
時間が わからなくて こまっています。

時計が こわれて
しまって 時間が
わからないんじゃ。

1 下の あ〜か の 6つの 時計は 何時何分ですか。

あ

時　分

い

時　分

う

時　分

え

時　分

お

時　分

か

時　分

② ゆうれい船長の 1日の 話を 聞いて 時計の 長い はりを 書きましょう。

あ

朝は
6時20分に
おきたいのぉ。

い

10時5分に
ごはんを
食べたいんじゃ。

う

4時35分に
船の そうじを
したいんじゃ。

え

まいばん、
9時55分に
ねたいのぉ。

 家族で ちょうせん！ **ウルトラゆうしゃもんだい**

下の 時計に、みじかい はりと 長い はりで、時間を 書きましょう。

| 12時45分 | 3時5分 | 7時20分 |

 **クリア！**

ゆうれい船長に 時間を 教えてあげた！
おれいに なんと、パープルオーブを
もらった！

地図の **27** に
このシールを
はろう！

ありがとうよ。おかげで
時間通りに すごせるわい。

これで 6つ すべての
オーブが そろったわ！

オーブの光が しめす 方へ

オーブが 6つ そろったら 光り出したよ！？
光が しめす 方に 何かが あるのかな？
船で むかってみようよ！

グラーフ海を すすんでいると タコメットたちが あらわれました。
タコメットは 数字の 形に なるように あつまりましたが、
どこかが おかしいようです。

タコメット

---

 ① タコメットの 数は、タコメットが あつまって 作られた 数字より
何体 多いですか。何体 少ないですか。答えを 書いて 多い・少ないの
どちらかを ○で かこみましょう。

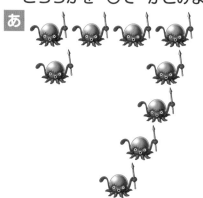

あ

	多い
体	少ない

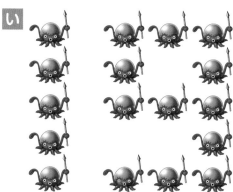

い

	多い
体	少ない

 ② タコメットの 数は 合計で 何体 いますか。

答え ＿＿＿＿＿＿＿＿＿＿ 体

タコメットを おいはらうと、こんどは 大王イカが あらわれました。
大王イカは 数字や きごうが 書かれたカードを もっています。
大王イカの もっている カードを 組み合わせて 正しい しきを 作り、
大王イカを やっつけましょう。

大王イカ

い
= 11
−
7 4

あ
8 =
3 +
5

う
+ −
8 3
= 2

あ ☐ ☐ ☐ ☐ ☐

い ☐ ☐ ☐ ☐ ☐

う 7 ☐ ☐ ☐ ☐ ☐ ☐

大王イカたちを やっつけた！
オーブの光が しめす しまに
たどりついた！

地図の㉘に
このシールを
はろう！

このしまに 何かが
あるのかしら？

ほこらが あるね。
入ってみよう。

6つの オーブの 計算を とこう！

はてなスライム

ここが オーブの 光が しめしていた ばしょだね。
大きな たまごが おいて あるよ。
あ、見て！ また オーブが 光りはじめた！

計算問題
クリアした日
月　日

ドリラムランドの ほこらに 入ると 6つの オーブが
光りはじめて、オーブには それぞれ 数字が うかび上がりました。

1　オーブに うかび上がった 数字を もとに 計算をして
大きな たまごに 答えを 書きましょう。

 4 　 7 　 2 　 5 　 8 　 11

レッドオーブ　ブルーオーブ　グリーンオーブ　イエローオーブ　シルバーオーブ　パープルオーブ

 ＋ ＝ あ
レッドオーブ　イエローオーブ

 ＋ ＝ い
シルバーオーブ　グリーンオーブ

 － (ブルーオーブ) ＝ う
パープルオーブ　ブルーオーブ

 ＋ ＝ え
ブルーオーブ　ブルーオーブ

 － (シルバーオーブ) ＝ お
シルバーオーブ　シルバーオーブ

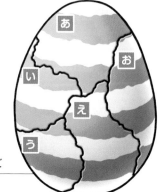
大きな たまご

2 大きな たまごに 答えを 書くと、それぞれの オーブに べつの
数字が うかび上がりました。オーブに うかび上がった 数字を もとに
計算をして、もういちど 大きな たまごに 答えを 書きましょう。

 2 レッドオーブ **11** ブルーオーブ **7** グリーンオーブ **15** イエローオーブ **4** シルバーオーブ **9** パープルオーブ

 ＋ ＋  ＝ あ

レッド　　シルバー　　パープル
オーブ　　オーブ　　　オーブ

 ＋ －  ＝ い

ブルー　　グリーン　　シルバー
オーブ　　オーブ　　　オーブ

 － ＋  ＝ う

イエロー　　グリーン　　レッド
オーブ　　　オーブ　　　オーブ

 ＋ － ＝ え

パプル　　　パープル　　レッド
オーブ　　　オーブ　　　オーブ

 ＋ － ＝ お

シルバー　　イエロー　　パープル
オーブ　　　オーブ　　　オーブ

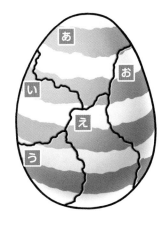

 クリア！

大きな たまごに ひびが 入り、
たまごの 中から、大きく うつくしい鳥、
ラーミアが すがたを あらわした！

地図の 29 に
このシールを
はろう！

 わぁ、すごく きれいな
鳥さん。こんにちは。

目で せなかを 見ているね。
のせて くれるのかな？

30

大空へ とび立とう！

はてなスライム

わーー、空の 風が きもちいいね〜！！
町が 小さく 見えるよ！ あ！ モンスターが
とんできたよ、気をつけて！

ラーミアの せなかに のって 空を
じゆうに とんでいると、2体の
モンスターが せまってきました。
ヘルコンドルの HP(体力)は 50、
スカイドラゴンの HPは 90です。
つぎの といに 答えましょう。

ゆうしゃの ぶきの こうげきで、
ヘルコンドルに 10の ダメージを あたえました。
ヘルコンドルの HPは、のこり いくつですか。

ダメージを あたえると
HPは へるよ。

ヘルコンドル

答え

大きな 火の玉を くり出す じゅもん、
メラミを となえて、スカイドラゴンに
20の ダメージを あたえました。
スカイドラゴンの HPは、
のこり いくつですか。

スカイドラゴン

答え

③ ヘルコンドルは HPが 20まで へったあと、
HPを かいふくさせる じゅもん、
ホイミを となえて HPを 20 かいふくして
きました。ヘルコンドルの HPは、
いくつに なりましたか。

かいふくしたら
HPは ふえるよ！

答え _____

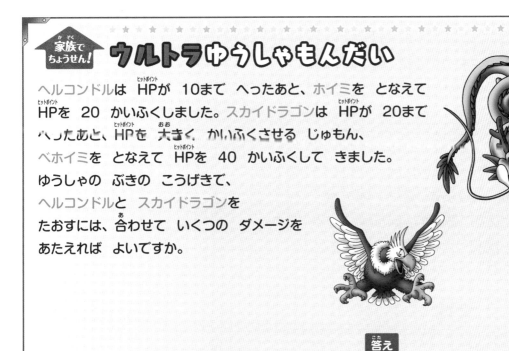

家族でちょうせん！ ウルトラゆうしゃもんだい

ヘルコンドルは HPが 10まで へったあと、ホイミを となえて
HPを 20 かいふくしました。スカイドラゴンは HPが 20まで
へったあと、HPを 大きく かいふくさせる じゅもん、
ベホイミを となえて HPを 40 かいふくして きました。
ゆうしゃの ぶきの こうげきで、
ヘルコンドルと スカイドラゴンを
たおすには、合わせて いくつの ダメージを
あたえれば よいですか。

答え _____

クリア！

大空での たたかいで、
ヘルコンドルと スカイドラゴンを
やっつけた！

地図の30に
このシールを
はろう！

あそこに 岩山に かこまれた
ほこらが 見えるわ。

ラーミアなら 下りられそう。
行ってみよう！

りゅうの女王の
ほこら

りゅうの女王：わたしは ずっと まっていました。だいまおうゾーマを たおせる チカラを もつ ものを。さあ、この 光の玉を うけとる チカラを 見せてください。

数かぞえ問題

クリアした日

月　日

りゅうの女王の いる ほこらで、光の玉を 手に する しかくが あるかの しれんを うけます。
下の れいに ならって、つぎの といに 答えましょう。

れい 右の 図の マス目には、1から 9までの 数字が 入ります。
あに 入る 数字は 何ですか。

→マス目に ある 数字を けすと、

~~1~~ ~~2~~ ~~3~~ ~~4~~ ~~5~~ ~~6~~ ~~7~~ ~~8~~ 9と なるので、

あに 入る 数字は 9だよ。

1	5	6
4	あ	7
3	2	8

---

1 右の 図の マス目には、1から 12までの 数字が 入ります。**あ**と **い**では、**あ**に 入る 数字の ほうが 大きいです。**あ**と **い**に 入る 数字を たすと、いくつに なりますか。

	1	い	
3	8	7	6
4	9	2	12
	あ	10	

答え _____

---

2 右の 図の マス目には、1から 24までの 数字が 入ります。**あ**と **い**と **う**では、**あ**に 入る 数字が いちばん 大きく、**う**に 入る 数字が いちばん 小さいです。**あ**と **う**に 入る 数字を たすと、いくつに なりますか。

4	8	15	う	7
12	あ	1	16	21
2	11	🟦	18	13
22	5	17	10	20
9	14	6	23	い

答え _____

③ この もんだいが とければ、光の玉を 手にすることが できます。
下の 図の マス目には 1から 40までの 数字が 入ります。
あと いと うと えでは、あに 入る 数字は、
いに 入る 数字より 大きく、えに 入る 数字より 小さいです。
うに 入る 数字は いちばん 大きいです。
う－あの 答えは いくつに なりますか。

23	40	9	5	18	い	22
38	10	う	35	25	1	31
30	24				39	26
19	33				21	36
え	13				3	12
11	20	2	16	8	29	34
14	28	15	32	17	あ	27

答え _____

りゅうの女王から
光の玉を うけとった！

地図の ㉛に
このシールを
はろう！

光の玉を つかえば ゾーマの やみの
チカラを 弱める ことが できるでしょう。

ありがとうございます。
だいじに つかいます。

32 ひっさつわざ ギガソードを みにつけよう！

 だいまおうゾーマには ふつうの こうげきは
ききません。ここで ひっさつわざ ギガソードを
おぼえていくと いいでしょう。

図形問題
クリアした日
月　日

だいまおうゾーマを たおすため、かみなりを よび出して はなつ
ひっさつわざ ギガソードを おぼえる しゅぎょうを 女王から
うけることに なりました。つぎの といに 答えましょう。

 ひっさつわざ ギガソードを おぼえるために、ぶきの ことを
知ることが 大切です。ゆうしゃのけんの ブロックの 数を 数えましょう。
下の ゆうしゃのけんは □の 何こ分でしょうか。

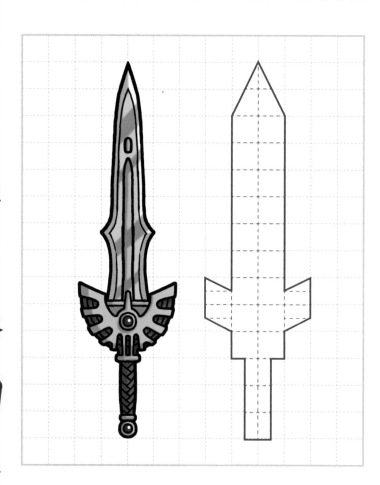

ブロックを いどうさせると、

□が 1コ できるね！

答え ＿＿＿＿＿＿ こ分

次に かみなりを よびよせる しゅぎょうを うけます。下の かみなりは □の 何こ分でしょうか。

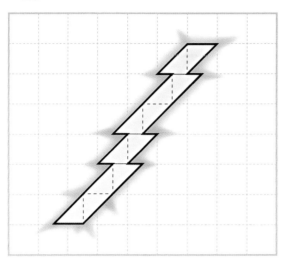

ブロックを いどうさせると、

□が 1コ できるね！

答え _____ こ分

 ひっさつわざ ギガソードは とても 強い いりょくを もっています。下の ギガソードは □の 何こ分でしょうか。

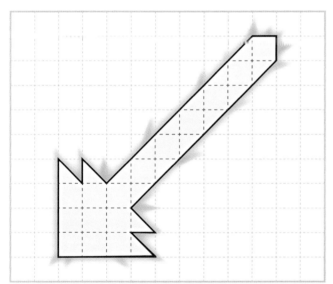

ブロックを いどうさせると、

□が 1コ できるね！

答え _____ こ分

ひっさつわざ ギガソードを
おぼえた！

地図の **32**に
このシールを
はろう！

 すごく 強力な
ひっさつわざだね。

しっかり つかえるように
れんしゅうして おきたいわ。

ギガソードを つかいこもそう！

りゅうの女王

だいまおうゾーマに スキは ないでしょう。
いっしゅんの こうげきの チャンスを にがさないように
しゅぎょうを すると いいでしょう。

計算・文章問題

クリアした日

月　日

りゅうの女王のほこらの 外で ひっさつわざ ギガソードを
つかいこなすための しゅぎょうを することになりました。
つぎの といに 答えましょう。

ギガソードを ねらったところに うちこむ れんしゅうを します。
よび出した かみなりの 数字を、とちゅうにある 数字と 1回だけ
たして、答えの 書いてある 石まで せんで つなぎましょう。

5　　8　　13　　9

8　14　5　2

16　11　19　18

2 ギガソードの　パワーで、4つの　石が　われて、14この　小石に　なりました。❶の　石は、4つの　小石に　われました。❷の　石は、❶の　石より　1こ　少なく　われました。❸の　石は、❹の　石より　1こ　多く　われました。

❷～❹の　石は、それぞれ　何こに　われましたか。

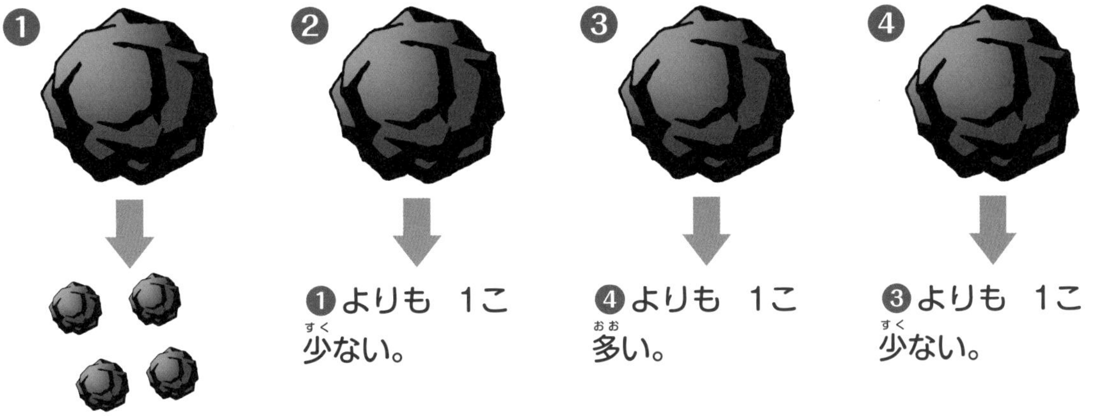

❶
❷
❶よりも　1こ　少ない。
❸
❹よりも　1こ　多い。
❹
❸よりも　1こ　少ない。

答え　❷　　こ、❸　　こ、❹　　こ

家族でちょうせん！

ウルトラゆうしゃもんだい

ゆうしゃ　2人で、14この　石を　きねんに　同じ　数ずつ　分けました。
そのあとで、女の子が　男の子に　3こ　あげると　言って　わたしましたが、
男の子は　2こ　かえしました。それを　見ていた　はてなスライムも　きねんに
石が　ほしいと　言ったので、男の子が　1こ　あげました。
男の子と　女の子が　もっている　石は　それぞれ　何こですか。

答え　男の子　　こ　女の子　　こ

クリア！

ひっさつわざ　ギガソードを
はなつ　しゅぎょうをした！
ゆうしゃは　パワーアップした！

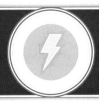

地図の㉝に
このシールを
はろう！

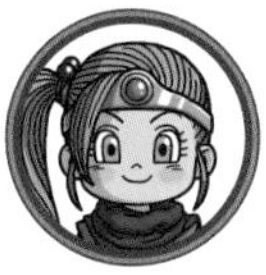

りゅうの女王さま、
ありがとうございました！

よし、ゾーマの　すむ
しろへ　のりこもう！

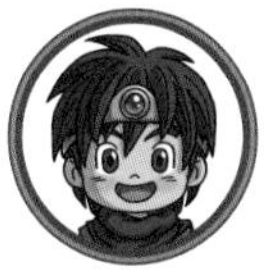

だいまおうゾーマの しろを 自ざす

はてなスライム すごい たくさんの モンスターが 空で まちかまえているよ……。ぜんぶ かわして ゾーマのしろに たどりつけるかな？

図解・計算問題

クリアした日

月　　日

ゾーマのしろへ 行くために ラーミアに のって 空へ とび立ちました。
だいまおうゾーマとの たたかいに そなえて
モンスターと たたかわずに 空を とんでいきます。

---

1 空には たくさんの てきが います。てきを よけながら すすみます。
←から ◁まで、通る マスが いちばん 少ないように すすむとき、
通った ところに ある 数字を ぜんぶ たすと いくつに なりますか。
マスは よこか たてにしか いどうは できません。

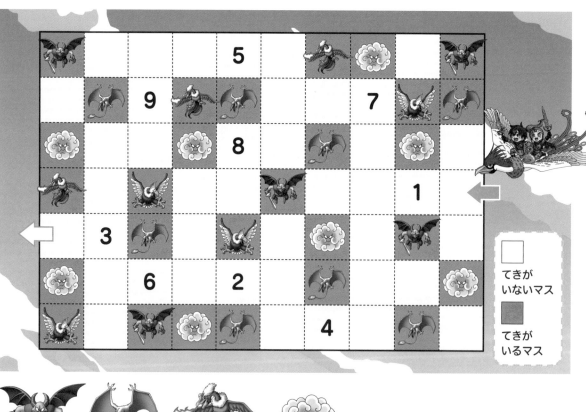

てきが
いないマス

てきが
いるマス

 ガーゴイル　 プテラノドン　 ホークブリザード　 ギズモ

答え

さらに とんでいくと、もっと たくさんの てきが 出てきました。
スカイドラゴンや ドラゴンライダーといった 強てきも います。
ぜんぶ よけながら すすみましょう。
←から ⇦まで、通る マスが いちばん 少ないように すすむとき、
通った ところに ある 数字を ぜんぶ たすと いくつに なりますか。

	てきが いないマス
	てきが いるマス

ドラゴンライダー

答え _____

ドリルガルドの 空を
モンスターと たたかわないで
通りぬけた!

地図の 34 に
このシールを
はろう!

大きな 岩山の むこうに
おしろが 見えてきたよ!

ゾーマが いる しろね。
しんちょうに のりこみましょう。

だいまじんが あらわれた！

だいまじん

しんにゅうしゃを はっけん したぞう。
ゾーマさまに さからうなら 大きな 足で
ふみつぶして やるぞう！

ゾーマのしろ・
入口

ゾーマのしろへ つくと、入口に だいまじんが あらわれました。
大きな 足で こうげきを してきます。つぎの といに 答えましょう。

1 だいまじんに ふみつけられて、
地めんの いたが こわれて しまいました。
たし算や ひき算をして、あ～おに
あてはまる 数字を 書きましょう。
計算が できる ところから 数字を
書いて いきましょう。

$$5 - 3 = 2$$
$$+ \; 1$$
$$= \; 6$$

タテにも ヨコにも
計算できるんだね。

ドスン、ドスンと
ふみつぶすぞう！

あ	+	6	=	い
+		−		+
3	−	う	=	2
=		=		=
5	+	え	=	お

答え　あ　　　い　　　う　　　え　　　お

2 だいまじんは さらに 足を じたばたさせて こうげきを してきました。
あ〜かに あてはまる 数字を 書きましょう。

これなら どうだぁ！

6	＋	あ	−	1	＝	い
＋		＋		＋		−
う	＋	え	＋	お	＝	7
‖		‖		‖		‖
か	−	5	−	3	＝	2

答え あ＿ い＿ う＿ え＿ お＿ か＿

家族でちょうせん！ ウルトラゆうしゃもんだい

だいまじんは 足を うごかしすぎて
つかれてきましたが、がんばって
さいごの こうげきを してきました。
□に あてはまる 数字を、○に
あてはまる ＋か −を 書きましょう。

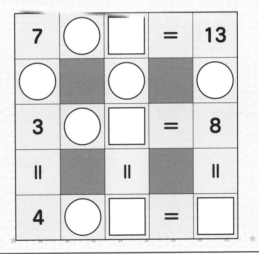

7	○	□	＝	13
○		○		○
3	○	□	＝	8
‖		‖		‖
4	○	□	＝	□

だいまじんは つかれて さっていった！
ゾーマのしろの 入口を
すすんだ！

地図の **35** に
このシールを
はろう！

いきなり 強てきが
まちうけていたね。

まだまだ 強そうな
てきが いるみたい！

36

ドラゴンゾンビが あらわれた！

ドラゴンゾンビ

だいまじんを たおして きたか……
だが、わがはいを たおす ことは できぬ……。
ホネの 計算を うけるがよい……。

計算・図形問題

クリアした日

月　日

ドラゴンゾンビが あらわれました。ドラゴンゾンビは ホネを つかって
計算もんだいを 出してきました。

れい

それぞれの 数字や きごうを ホネで あらわすと
下の ように なります。

19−4＝5だから、
まちがえているね。
ホネを 1本 うごかすと、
13−4＝9で 正しい
計算に なるんだね。

つぎの といに 答えましょう。

ドラゴンゾンビの ホネを つかった 計算は
答えが まちがっています。( )の 中の 数だけ
○の ついた ホネを うごかして、
□の 中に 正しい 計算を 書きましょう。

正しい 計算

❶（1本）　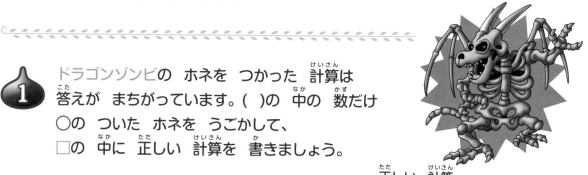 ➡

❷（1本）　7＋9＝7 ➡

❸（1本）　9−3＝7 ➡

❹（1本）　11−5＝8 ➡

2 ドラゴンゾンビは 少し 本気を 出してきました。( )の 中の 数だけ ○の ついた ホネを うごかして、□の 中に 正しい 計算を 書きましょう。

正しい 計算

❶（1本）　日 − □ = 1　➡

❷（1本）　10 − 4 = 5　➡

❸（2本）　3 + 6 = 10　➡

❹（2本）　13 − 9 = 9　➡

家族で ちょうせん！ ウルトラゆうしゃもんだい

ドラゴンゾンビは すごく 本気を 出してきました。( )の 中の 数だけ ホネを うごかして、□の 中に 正しい 計算を 書きましょう。

正しい 計算

❶（3本）　4 − 2 = 18　➡

❷（3本）　日 − 3 − 9 = 11　➡

ドラゴンゾンビは じぶんの ホネを つかいきった！ ドラゴンゾンビを やっつけた！

地図の **36** に このシールを はろう！

すごく むずかしい もんだいだったのに 答えが わかるなんて すごいね！

この先にも 大きな モンスターが いるよ!!

37

キングヒドラが あらわれた!

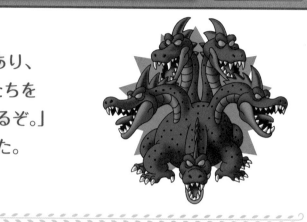

ゾーマのしろ・
ゾーマのへやの前

キングヒドラ

ぎゃぎゃ、ゆうしゃが やってきたぞ。かみついてやる。
おれも かみついてやる。おれも。おれも。おれも。
よし、みんなで かみつくぞ! おー!

キングヒドラが あらわれました。
キングヒドラには 5つの 首が あり、
「これから 5つの 口で おまえたちを
はげしく かみついて こうげきするぞ。」
と 声を そろえて 言っていました。
つぎの といに 答えましょう。

1 キングヒドラたちの かみつきで あたえる ダメージに ついての 会話から、
こうげきの ダメージを 見ぬきます。それぞれの こうげきの ダメージを
答えて、こうげきを ぜんぶ かわしましょう!

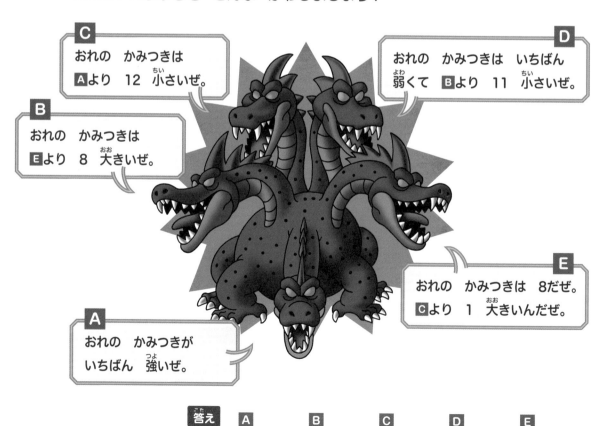

C
おれの かみつきは
Aより 12 小さいぜ。

D
おれの かみつきは いちばん
弱くて Bより 11 小さいぜ。

B
おれの かみつきは
Eより 8 大きいぜ。

E
おれの かみつきは 8だぜ。
Cより 1 大きいんだぜ。

A
おれの かみつきが
いちばん 強いぜ。

答え A　　　B　　　C　　　D　　　E

2 キングヒドラは すごく 本気を 出してきました。キングヒドラたちの かみつきで あたえる ダメージについての 会話から、こうげきの ダメージを 見ぬいて、こうげきを ぜんぶ かわしましょう！

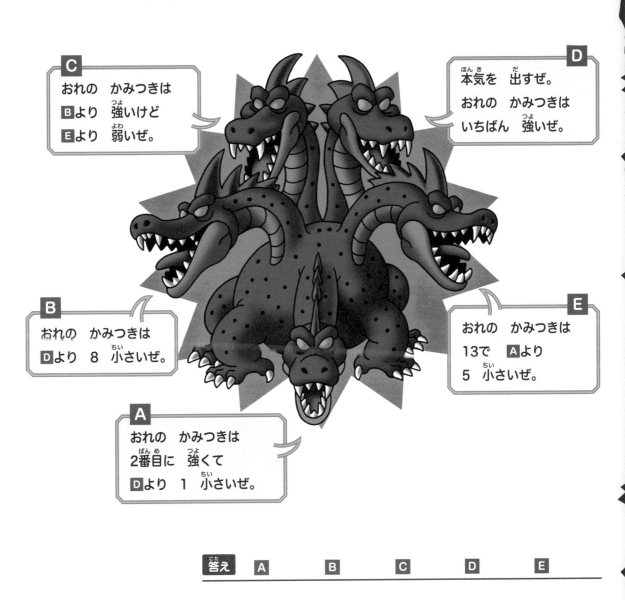

C
おれの かみつきは
Bより 強いけど
Eより 弱いぜ。

D
本気を 出すぜ。
おれの かみつきは
いちばん 強いぜ。

B
おれの かみつきは
Dより 8 小さいぜ。

E
おれの かみつきは
13で **A**より
5 小さいぜ。

A
おれの かみつきは
2番目に 強くて
Dより 1 小さいぜ。

答え **A**　　　**B**　　　**C**　　　**D**　　　**E**

はげしい かみつきを
かわして、キングヒドラを
やっつけた！

地図の **37** に
このシールを
はろう！

 とびらの むこうから やみが あふれてる……。

いよいよ ゾーマとの たいけつね……！

だいまおうゾーマの
さいだん

ゆうしゃよ！ わが 算数の さいだんへ よくぞ来た！
われこそは すべてを ほろぼすもの！
わが やみの 数字の いけにえとなれい！

闇の衣ゾーマ

文章・計算問題

クリアした日

月　日

だいまおうゾーマが あらわれました！ ゾーマの 体からは
ゆうしゃの こうげきの ダメージを へらす やみのころもの 数字が
あふれ出ています！

> ❸❸❹の 計算は 2年生で ならう 計算も 入っているよ。
> 1年生で ならったことを 思い出して ちょうせんしてみよう！

 ゆうしゃの れんぞくこうげきで 40、50、70、80の ダメージを
あたえました！ しかし、ゾーマは 下の やみのころもの 数字を
ぶつけてきて ダメージを へらしてしまい、
ダメージは ぜんぶ 10に なってしまいました。
どの やみのころもの 数字を ぶつけてきたか、□に 書きましょう！

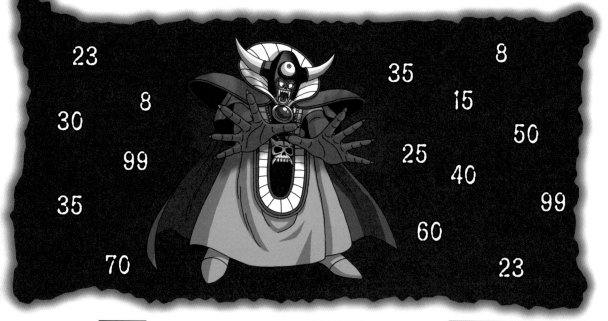

❶ 40 − □ = 10　　❸ 70 − □ = 10

❷ 50 − □ = 10　　❹ 80 − □ = 10

> 数字は 1回ずつしか
> つかえないよ！

2 だいまおうゾーマの やみのころもの 数字は、りゅうの女王から もらった 光の玉を つかうと 数字どうしを ぶつけて けすことが できます。やみのころもの 数字を ひいて、0に なる 数字どうしを 組み合わせて けして いきましょう。下の すべての やみのころもの 数字を 組み合わせて、それぞれの しきの 計算の 答えが 0に なるように □に 数字を 書きましょう。

数字は 1回ずつしか つかえないよ！

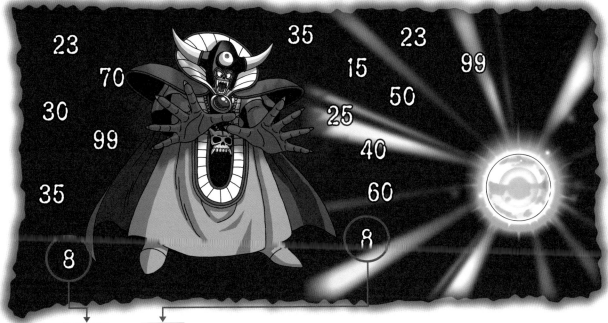

23　35　23
70　15　99
30　50
99　25
40
35　60
8　8

れい ┃ 8 ┃ − ┃ 8 ┃ = 0

答えが 0に なるように 計算しよう！

❶ □ − □ = 0

❷ □ − □ = 0

❸ □ − □ − □ = 0

❹ □ − □ = 0

❺ □ − □ − □ = 0

 クリア！

だいまおうゾーマの やみのころもを はぎとった！

 地図の ㊳に このシールを はろう！

やみのころもが なくなっても すごい チカラを かんじるわ！

でも これで ダメージを あたえられるよ！

だいまおうゾーマとの けっせん！

だいまおうゾーマ

ゆうしゃよ！ なにゆえ 算数もんだいを とくのか？
計算まちがいこそ わが よろこび。
さあ わが 算数もんだいで まちがえるがよい！

だいまおうゾーマが 大きな こおりの かたまりを ふらせる マヒャドの
じゅもんで 算数もんだいを 出してきました。
ゆうしゃの 算数の チカラで ゾーマの こうげきを よけましょう！

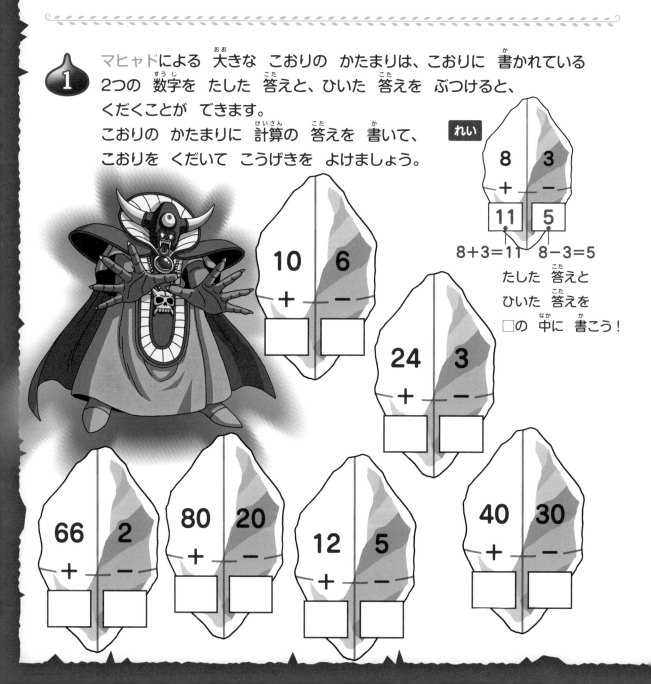

1 マヒャドによる 大きな こおりの かたまりは、こおりに 書かれている
2つの 数字を たした 答えと、ひいた 答えを ぶつけると、
くだくことが できます。
こおりの かたまりに 計算の 答えを 書いて、
こおりを くだいて こうげきを よけましょう。

れい

8 3
+ −
11 5

8＋3＝11 8−3＝5

たした 答えと
ひいた 答えを
□の 中に 書こう！

10 6
+ −

24 3
+ −

66 2
+ −

80 20
+ −

12 5
+ −

40 30
+ −

2 こおりの かたまりを よけた ゆうしゃは、はんげきの ために ギガソードの チカラを ためています。そこに ゾーマが ためた チカラを すべて なくしてしまう、いてつくはどうという 強力な わざで じゃまを してきました。

□に あてはまる 数を 書いて、だいまおうゾーマの いてつくはどうを くいとめましょう。

れい

> 60に 数を たして 100に なる 数字を □に 書こう。

> 40に 数を たして 60に なる 数字を □に 書こう。

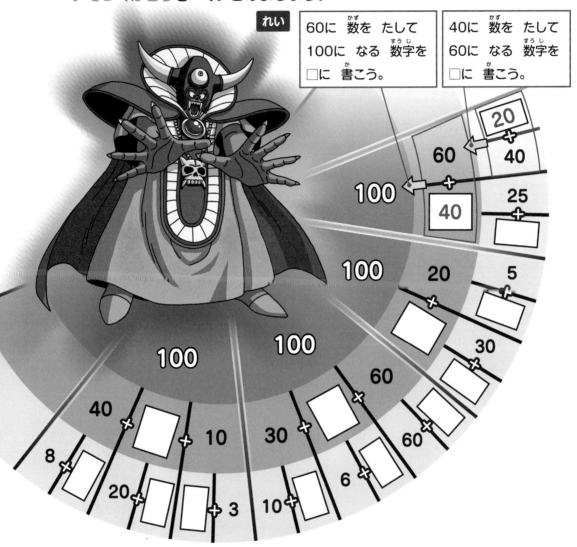

だいまおうゾーマの はげしい こうげきを たえぬいた！

地図の **39** に このシールを はろう！

こうげきも ぼうぎょも ゾーマに すきが ないよ！

もう少しで ギガソードの チカラが たまりそうよ！

だいまおうゾーマの さいだん

はてなスライム ゾーマの こうげきが とまらないよ！ でも これが さいごの たたかいだよ！ チカラを 出しきって、ギガソードを ゾーマに ぶつけるんだ！

だいまおうゾーマの はげしい こうげきが つづきます。
しかし、ひっさつわざ ギガソードの チカラも もう少しで たまります。
さいごの たたかいに いどみましょう！

 ゾーマは すべてを こおらせる こごえるふぶきを はいてきました。
このままだと、ゆうしゃたちは こおって うごけなく なってしまいます。
下の 7つの ブロックを、書かれた 数字の 上に 同じ 数字が くるように
あてはめて かべを 作り、こごえるふぶきを ふせぎましょう。

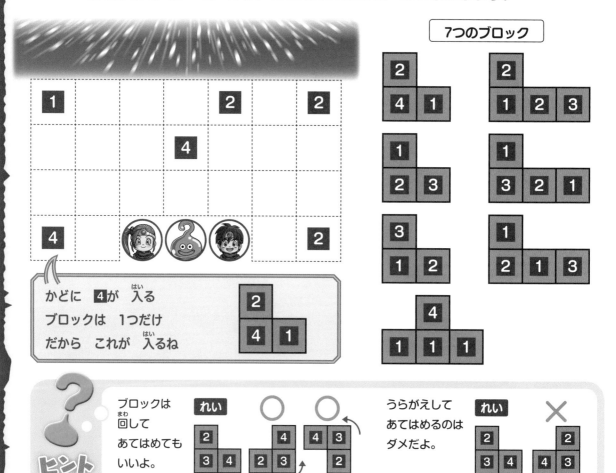

7つのブロック

かどに 4が 入る
ブロックは 1つだけ
だから これが 入るね

ブロックは 回して あてはめても いいよ。　れい　○　○

うらがえして あてはめるのは ダメだよ。　れい　×

2 さいごの たたかい！ ゆうしゃの 算数の チカラを ふりしぼって、ひっさつわざ ギガソードを くり出しましょう！
ギガソードは、同じ 数ずつ ふえていき、数が じゅん番に 大きくなって いきます。□に あてはまる 数を 書きましょう。

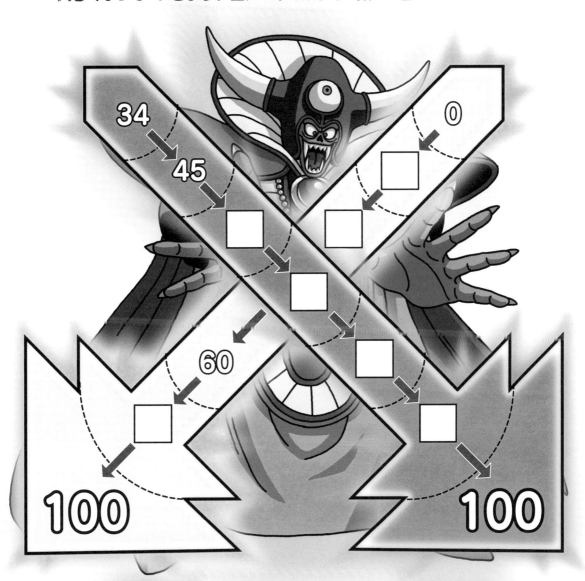

34

45

□

0

□

□

□

60

□

□

100

100

だいまおうゾーマを やっつけた！
しんの ゆうしゃだけが もてる
ゆうしゃのしるしを 手に入れた！

地図の **40**に このシールを はろう！

すごい！ 算数の チカラで だいまおうゾーマを たおしたよ！ これで 世界を おおっていた やみが はれて、平和が おとずれるね！

ゾーマが いなくなると 空を おおっていた
くらい やみは しずかに きえさり、
あふれんばかりの 光が さしこみました。
ドリルガルドの世界に 平和が もどったのです!

ラーミアにのって タシザーンのしろに
もどった ゆうしゃたちに タシザーン王は 言いました。
「ゆうしゃたちよ よくぞ だいまおうを たおした!
こころから れいを 言うぞ!
この世界の やみが はれたのも すべては
そなたたちの はたらきの おかげじゃ!

そなたたちに この国に つたわる
まことの "さんすう"のゆうしゃの しょうごうを あたえよう!
そなたたちのことは でんせつとして
えいえんに かたりつがれて いくであろう!」

かくして でんせつの"さんすう"のゆうしゃの
しょうごうを うけた キミたちは
ここドリルガルドの えいゆうと なりました!
キミたちの "さんすう"の でんせつが
ここに はじまったのです……!

答えのページ

◆ 問題の番号の順番に、答えがならんでいます。ご家族でいっしょに、答え合わせをしていきましょう！

◆ 問題の答えは赤い文字や○で書いています。文章の問題は、どのように計算しているかの計算式を、（　）内に書いています。

◆「ウルトラゆうしゃもんだい」など、ちょっとむずかしい問題については、【かいせつ】をしています。

---

① 世界を すくう ぼうけんへ！

 1ゴールドは **3** まい

5ゴールドは **2** まい

10ゴールドは **4** まいて、ぜんぶて **9** まいです。

 1ゴールドは **6** まい、5ゴールドは **4** まい、

10ゴールドは **2** まいて、ぜんぶて **12** まいです。

ウルトラゆうしゃもんだい **99ゴールド**

【かいせつ】下からコインを数えていく。10ゴールドは6まいあるので、10、20、……と数えて、60ゴールド。
5ゴールドは6まいあるので、5、10、……と数えて、30ゴールド、1ゴールドは9まいだから、9ゴールド。
60＋30＝90、90＋9＝99

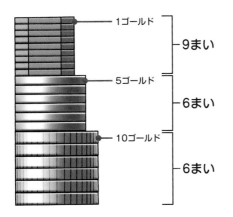

- 1ゴールド ┐
- 9まい
- 5ゴールド ┐
- 6まい
- 10ゴールド ┐
- 6まい

---

② 町で ぼうけんの じゅんびを しよう！

 16ゴールド（8＋8＝16）
【かいせつ】やくそうは1つ8ゴールドで、2つ買うから、8＋8＝16

 20ゴールド（10＋10＝20）
【かいせつ】どくけしそうは1つ10ゴールドで、ぜんぶで2つあるから、10＋10＝20

 15ゴールド（8＋7＝15）

 19ゴールド（7＋12＝19）

 38ゴールド（30＋8＝38）

ウルトラゆうしゃもんだい **98ゴールド**

【かいせつ】どうのつるぎを1つと、どくけしそうを1つ買うと、
80＋10＝90
さらに、やくそうを1つ買うと、
90＋8＝98

---

③ とうへむけて 草原を すすもう！

❶ 7体
❷ 4体
❸ 5体
❹ 16体

❶ 4体
❷ 1体
❸ 6体
❹ 19体

④ 草原で モンスターと バトル！

 ❶ 3回
❷ 6回

 ❶ 2回
❷ 5回

ウルトラゆうしゃもんだい 3回

【かいせつ】フロッガーにあたえるダメージは、メラとどうのつるぎを1回ずつつかうと、2+4＝6
2回ずつつかうと、4+8＝12
3回ずつつかうと、6+12＝18

⑤ タスタスのとうを のぼろう！

 ❶ 5（2+3＝5）
❷ 6（5+1＝6）
❸ 3（2+1＝3）
❹ 8（5+3＝8）

 ❶ 8（3+4+1＝8）
❷ 9（1+3+5＝9）
❸ 11（5+1+5＝11）

ウルトラゆうしゃもんだい 18

【かいせつ】やじるしを通った数字は順番に、3、2、1、2、5、4、1だから、3+2+1+2+5+4+1＝18

⑥ タスタスの けんじゃの みちびき

 ❶ 3番目
❷ 4番目
❸ 10番目

 ❶ 4番目
❷ 3番目
❸ 右のれつ

ウルトラゆうしゃもんだい おおありくい

【かいせつ】右のれつの上から4番目のモンスターは、おおありくいになる。

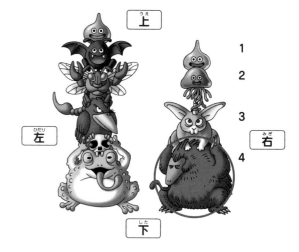

⑦ ズッケイの岩山へ

 19ゴールド

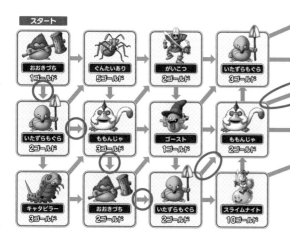

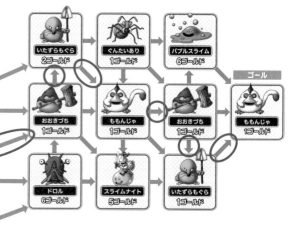

【かいせつ】「お・い・も」とは、おおきづち、いたずらもぐら、ももんじゃのこと。この順番にモンスターをたおすと、1、2、3、2、2、2、1、2、1、1、1、1だから、
1+2+3+2+2+2+1+2+1+1+1+1＝19

出口に まちかまえる 強てき！

 ❶ ハートナイト

❷ 4

❸ ハートナイト → スライム
ナイト → メタルライダー

 ❶ 15

❷ 2

ウルトラ ゆうしゃ もんだい 3

 ヒキザーンの町を 目ざして

 6体(3＋5－2＝6)
【かいせつ】なかまをよぶと、数はふえ、にげると、数はへることから考える。

 5体(6＋4－3－2＝5)

 なかまは **13体** よび、 **15体** たおした。
(よんだ数は、7＋6＝13、
たおした数は、5＋7－3＋6＝15)

ウルトラ ゆうしゃ もんだい **4体**(6＋7－8＋3－4＝4)
【かいせつ】もんだい文のぐんたいアリのぶぶんだけにちゅう目して考える。

 ぬすまれた アイテムを さがそう！

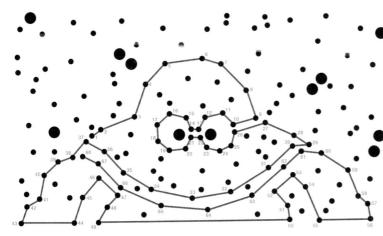

 い
ぬすんで いったのは
いの **カンダタ**だよ。

う
ぬすまれた だいじなものは **う**の
ゆうしゃのたてだよ。

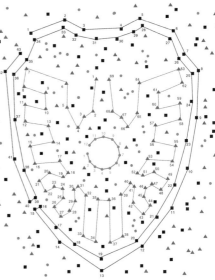

11 とうぞくだんの アジトへ

① 5体

② 2体

③ 6体
【かいせつ】青スライム、赤スライム、みどりスライム1体ずつで、スライムタワーができるので、いちばん数の少ないみどりスライムの6体分しか、スライムタワーはできない。

ウルトラゆうしゃもんだい キングスライムが 3体、
スライムタワーが 4体

【かいせつ】青スライムを8体ずつ分けると、キングスライムは3体できて、青スライムは4体のこる。赤スライム、みどりスライムも4体ずついるので、スライムタワーは4体できる。

---

12 とうぞくだんのアジトを たんさくしよう！

① ❶お ❷う ❸あ
❹い ❺え ❻か
【かいせつ】
むきをかえて、
あてはめる。

② ❶い ❷あ ❸か
❹お ❺え ❻う

---

13 とうぞく カンダタが あらわれた！

① ❶ 4回(4+4+4+4＝16)
【かいせつ】カンダタこぶんの○は16こ

❷ 3回
【かいせつ】イオのこうげきは(ぜんいんに○○)なので、2体のカンダタこぶんそれぞれの○が、2こずつへる。

② 2回

ウルトラゆうしゃもんだい 10

【かいせつ】カンダタこぶんはHPが4のときに、イオが2回あたっていてたおせている。カンダタへのこうげきは、どうのつるぎが2回で4+4=8、メラが6回で2+2+2+2+2+2=12、かえんぎりが1回で6、8+16+6=30。カンダタのHPが40なので、40-30=10

14 ヒキザーンの町へ ほうこくをしに もどろう

 ❶ 18こ
❷ 11こ(18−7＝11)

 ❶ 9こ
❷ 7こ(16−9＝7)

ウルトラ ゆうしゃ もんだい 10こ(2＋2＋2＋2＋2＝10)

【かいせつ】2こか3このこっているのは、野さいでは「なす」と「にんじん」、くだものでは「いちご」と「りんご」と「もも」なので、合わせて5しゅるい。

15 にげた カンダタを おって

スマイルロック **11** と **4**

メガザルロック **15** と **5**

ばくだんいわ **2** と **8**

ばくだんいわ **6** と **4**

ばくだんいわ **9** と **1**

スマイルロック **3** と **12**

スマイルロック **9** と **6**

メガザルロック **10** と **10**

ウルトラ ゆうしゃ もんだい 60

【かいせつ】10＋10＋20＋20＝60 となる。

ばくだんいわ 10

ばくだんいわ 10

メガザルロック 20

メガザルロック 20

16 カンダタたちは どこに?

❶ 1かい
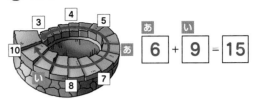
あ 6 ＋ い 9 ＝ 15

❷ 2かい
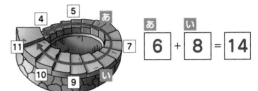
あ 6 ＋ い 8 ＝ 14

❸ 3かい
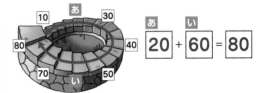
あ 20 ＋ い 60 ＝ 80

❹ 4かい
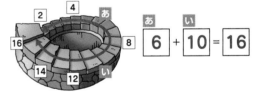
あ 6 ＋ い 10 ＝ 16

❺ 5かい
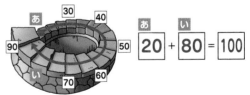
あ 20 ＋ い 80 ＝ 100

【かいせつ】8つの数は、つぎのようになる。
① 1ずつ大きくなっているので、
3、4、5、6、7、8、9、10
② 1ずつ大きくなっているので、
4、5、6、7、8、9、10、11
③ 10ずつ大きくなっているので、
10、20、30、40、50、60、70、80
④ 2ずつ大きくなっているので、
2、4、6、8、10、12、14、16
⑤ 10ずつ大きくなっているので、
20、30、40、50、60、70、80、90

17 とうぞく カンダタとの たいけつ!

❶ 95　　❷ 1

❸ ○は**11**こ、△は**8**こ、□は**7**こ

❹ 94　　❺ 5こ

ウルトラゆうしゃもんだい 40

【かいせつ】□の2番目に大きい数は47、△のいちばん小さい数は2、○の3番目に小さい数は5だから、47−2−5=40となる。

18 サンスーラの村で 話を 聞こう!

5 + 2 = 7

3 + 6 = ~~8~~
9

14 + 1 = ~~13~~
15

7 + 3 = 10

11 + 6 = ~~19~~
17

6 + 4 = ~~9~~
10

8 + 3 = 11

9 + 7 = ~~15~~
16

2 + 3 + 4 = ~~10~~
9

8 − 2 − 1 = ~~7~~
5

9 + 1 + 6 = 16

10 + 5 − 2 = ~~2~~
13

17 − 7 + 1 = ~~9~~
11

12 + 6 − 5 = 13

18 − 6 + 4 = ~~8~~
16

10 − 4 + 1 = ~~5~~
7

ウルトラゆうしゃもんだい

9 ＋ 1 − 5 = 5
(9+1=10、10−5=5)

8 − 3 ＋ 4 = 9
(8−3=5、5+4=9)

12 − 2 − 4 = 6
(12−2=10、10−4=6)

【かいせつ】 さいしょの2つの数字の計算を＋と－で考えてから、つぎの数字と組み合わせて答えを考える。

19 手がみの あんごうを とこう!

あんごうひょう	
19−2 = 17 ←ド	7+8 = 15 ←か
3+5 = 8 ←ラ	9+5 = 14 ←ミ
11−2 = 9 ←ッ	8−7 = 1 ←の
15−3 = 12 ←が	13+6 = 19 ←―
8−6 = 2 ←ゴ	8+8 = 16 ←ン
10−7 = 3 ←み	3+4 = 7 ←ピ

ピラミッドにある
ラーのかがみがひつよう
しんぷより

ウルトラゆうしゃもんだい ドラゴン

(①12−2+7=17　②3+7−2=8
③9−3−4=2　④10+9−3=16)

【かいせつ】答えの数字を、あんごうひょうにあてはめて考える。

20 オアシスを 通って さばくを こえよう!

 い の道
(**あ**は23マス、**い**は22マス)

【かいせつ】モンスターとたたかうときは3マス分、木のかげで休むときは2マス分として、マスの数を数える。

 う の道
(**あ**は37マス、**い**は38マス、**う**は36マス)

1 え
【かいせつ】マスの数を数える。（あは6マス、いは12マス、うは13マス、えは15マス）

2 うの ほうたいが **1** マス分長い。
【かいせつ】あ〜えをならべかえると下のようになる。うが13、いが12なので、13−12＝1となる。

 あ
 い
 う
え

 3 ②→④→①→③
【かいせつ】マスの数を数える。
（①は22マス、②は25マス、③は21マス、④は23マス）

4 ①：う ②：え ③：あ ④：い

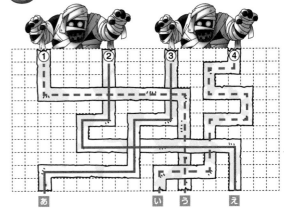

1
- 9 + 5 = $\boxed{14}$
- 8 − 2 = $\boxed{6}$
- 5 + 2 − 3 = $\boxed{4}$

2
- 3 + 9 = $\boxed{12}$
- 6 − 5 = $\boxed{1}$
- 8 − 2 + 9 = $\boxed{15}$

ウルトラゆうしゃもんだい
- 2 + 5 + 5 = $\boxed{12}$
- 9 + 3 − 2 = $\boxed{10}$
- 9 − 2 + 6 = $\boxed{13}$

 1

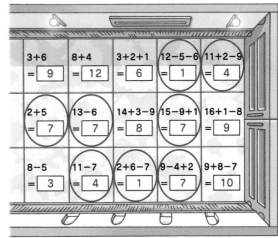

3+6 = 9	8+4 = 12	3+2+1 = 6	(12−5−6 = 1)	(11+2−9 = 4)
(2+5 = 7)	13−6 = 7	14+3−9 = 8	(15−9+1 = 7)	16+1−8 = 9
8−5 = 3	11−7 = 4	(2+6−7 = 1)	9−4+2 = 7	9+8−7 = 10

 2  2つ目 **7**　　3つ目 **1**
4つ目 **10**

ウルトラゆうしゃもんだい 1
【かいせつ】1つ目の数字は6、2つ目の数字は12、3つ目の数字は8、4つ目の数字は3、5つ目の数字は1となる。

24 強てき ボストロールとの たたかい

1 ❶8　　❷14　　❸20　　❹7　　❺15　　❻12

2

5	+	①9	=	14
17	②−	8	=	9
③7	④+	4	=	⑤11
⑥12	−	6	=	6

25 本ものの 村長からの おれい

1 ❶4　❷6　❸9　❹10　❺11　❻17　❼23　❽49　❾10　❿10

2 ❶3　❷3　❸2　❹6　❺8　❻4　❼24　❽51　❾5　❿4

ウルトラ
ゆうしゃ
もんだい　❶91　　❷70　　❸60　　❹18

26 海を こえて つぎの もくてきちへ

1 19

2 10

ウルトラ
ゆうしゃ
もんだい　23
（5＋1＋3＋6＋8＝23）

スタート

2	+	1	=	3	→	3	+	3

+	8	←	8	=	2	+	6	←	6

4

=		+	3	=		4	=	19

ゴール

12	→	12		15	→	15	+

スタート

3		5	−	4		5	−	3	=
+	↑		=		+			3
2	=	5		1	→	1		3	←

↓	8	=	2		7	−

8			+		4

10	=	2	+		6	←	6	=

ゴール

27 ゆうれい船長の おねがいを 聞こう

 ① **あ** 9時30分　**い** 2時40分
う 11時10分　**え** 8時25分
お 6時55分　**か** 1時35分

 ②
 あ　 い

 う　 え

**ウルトラ
ゆうしゃ
もんだい**

 28 オーブの光が しめす 方へ

 ① **あ** 2体 多い　**い** 2体 少ない

【かいせつ】**あ**は、タコメットの数が9体で、数字は7だから、タコメットの数は2体多い。
いは、タコメットの数が17体で、数字は19だから、タコメットの数は2体少ない。

 ② **19体**

 ③ **あ** $3+5=8$（$5+3=8$でも正解）
い $11-7=4$（$11-4=7$でも正解）
う $7+3-8=2$
　　（$7-2+3=8$でも正解）

【かいせつ】**あ**「＋」があるので、いちばん大きい「8」が答えになるしきを作る。**い**「−」があるので、いちばん大きい「11」から数をひく。**う**3つの数をたしたりひいたりして、正しいしきを作る。

---

29 6つの オーブの 計算を とこう！

①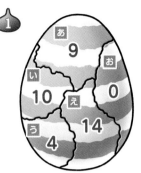

【かいせつ】**あ**…$4+5=9$、
い…$8+2=10$、**う**…$11-7=4$、
え…$7+7=14$、**お**…$8-8=0$

②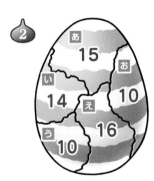

【かいせつ】**あ**…$2+4+9=15$、
い…$11+7-4=14$、
う…$15-7+2=10$、
え…$9+9-2=16$、
お…$4+15-9=10$

---

30 大空へ とび立とう！

 ① **40**（$50-10=40$）
【かいせつ】ヘルコンドルのHPは50で、ゆうしゃのぶきのこうげきで10のダメージをあたえたから、ヘルコンドルののこりのHPは、$50-10=40$

 ② **70**（$90-20=70$）
【かいせつ】スカイドラゴンのHPは90で、メラミで20のダメージをあたえたから、スカイドラゴンののこりのHPは、$90-20=70$

 ③ **40**（$20+20=40$）
【かいせつ】ヘルコンドルのHPが20までへったあと、20かいふくしたので、かいふくしたあとのHPは、$20+20=40$

**ウルトラ
ゆうしゃ
もんだい** **90**
（$10+20=30$、$20+40=60$、
$30+60=90$）
【かいせつ】かいふくしたあとの、ヘルコンドルのHPとスカイドラゴンのHPをそれぞれもとめて、それらをたす。

16（11＋5＝16）

【かいせつ】あ、いに入る数字は、5か11で、あに入る数字のほうが大きいので、あに入る数字は11、いに入る数字は5である。

 27（24＋3＝27）

【かいせつ】あ、い、うに入る数字は、3か19か24で、あに入る数字はいちばん大きいので24、うに入る数字はいちばん小さいので3である。

 31（37－6＝31）

【かいせつ】あ、い、う、えに入る数字は、4か6か7か37で、うがいちばん大きい数字なので37。のこった数字のうち、いに入る数字は、いより大きく、えより小さいので6、いに入る数字は4、えに入る数字は7となる。

 26こ分

【かいせつ】ブロックをいどうさせて、□が何こあるかを数える。

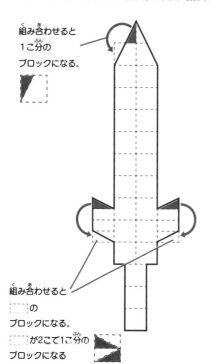

組み合わせると
1こ分の
ブロックになる。

組み合わせると
▨の
ブロックになる。

が2こで1こ分の
ブロックになる ▨

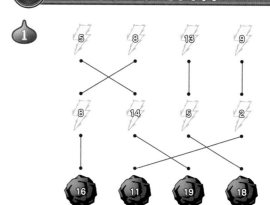

 ❷3こ ❸4こ ❹3こ

【かいせつ】❷の石は、❶の石より1こ少ないから、3こ。❶と❷の石は、合わせて7こあるから、❸と❹の石は、合わせて7こ。❸と❹の石は、1こと6こ、2こと5こ、3こと4こが考えられる。

ウルトラゆうしゃもんだい 男の子 7こ、女の子 6こ

【かいせつ】14この石を同じ数ずつ分けたので、男の子と女の子ははじめに7こずつもっている。女の子は男の子に3こわたし、男の子は2こかえしたので、男の子は1こもらったことになる。さいごに男の子がはてなスライムに1こあげた。

 6こ分

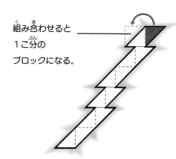

組み合わせると
1こ分の
ブロックになる。

 23こ分

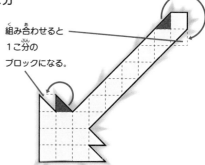

組み合わせると
1こ分の
ブロックになる。

34 だいまおうゾーマの しらを 自ざす

① 16（1＋4＋2＋6＋3＝16）

② 15（2＋5＋3＋4＋1＝15）

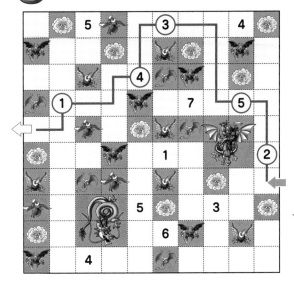

35 だいまじんが あらわれた！

① あ2　い8　う1　え5　お10

② あ4　い9　う4　え1　お2　か10

ウルトラ ゆうしゃ もんだい

7	＋	6	＝	13
－		－		－
3	＋	5	＝	8
＝		＝		＝
4	＋	1	＝	5

【かいせつ】数字が2つわかっているところからもとめる。たし算なのかひき算なのかも考えるようにする。

36 ドラゴンゾンビが あらわれた！

① ❶1＋3＝4　❷7＋0＝7
　❸9－2＝7　❹11－3＝8

【かいせつ】じっさいに、ぼうなどをならべて考えるとわかりやすい。

② ❶9－8＝1　❷10－4＝6
　❸2＋8＝10　❹15－6＝9

ウルトラ ゆうしゃ もんだい

❶7＋3＝10（4＋9＝13などでも正解）

❷2＋3＋6＝11

（8－3－3＝2、8－3＋2＝7などでも正解）

【かいせつ】○の部分を動かすと、答えの計算になる。

れい

37 キングヒドラが あらわれた！

① A 19　B 16　C 7　D 5　E 8

② A 18　B 11　C 12　D 19　E 13

【かいせつ】①②ともに、Eの数字だけわかっているので、そこからほかの数字を考えていく。

38 だいまおうゾーマ とうじょう！

1
- ❶ 40−30=10
- ❷ 50−40=10
- ❸ 70−60=10
- ❹ 80−70=10

2
- ❶ 23−23=0
- ❷ 99−99=0
- ❸ 70−40−30=0
- ❹ 60−35−25=0
- ❺ 50−35−15=0

（❶と❷は答えがぎゃくでも正解。❸❹❺は答えがどこに入っていても正解）

---

39 だいまおうゾーマとの けっせん！

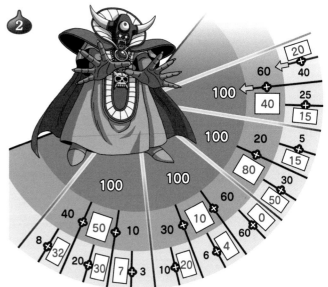

---

40 だいまおうゾーマとの さいごの たたかい

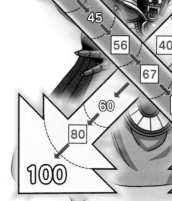

【かいせつ】❷のオレンジ色のギガソードは、34から45で11増えているので、11ずつたしていく。黄色のギガソードは、60から100まで2マスで40増えているので、40の半分の20ずつ増えていることがわかる。